U0189941

环球海味之旅

李夕聪　邓志科　◎　主编

文稿编撰/黄琪　图片统筹/吴欣欣

中国海洋大学出版社
CHINA OCEAN UNIVERSITY PRESS

总序

　　百川归海，潮起潮落。千百年来，人们在不断探求大海奥妙的同时，也尽享着来自海洋的馈赠 —— 海鲜美食。道道海鲜不仅为人类奉献上了味蕾的享受，也提供了丰富的营养与健康的保障，并在人类源远流长的饮食文化长河中熠熠生辉。

　　作为人类生存的第二疆土，海洋中生物资源量大、物种多、可再生性强。相关统计显示，目前全球水产品年总产量 1.7 亿吨左右，而海洋每年约生产 1 350 亿吨有机碳，在不破坏生态平衡的情况下，每年可提供 30 亿吨水产品，是人类生存可持续发展的重要保障。海鲜则是利用海洋水产品为原料烹饪而出的料理，其味道鲜美，含有优质蛋白、不饱和脂肪酸、牛磺酸等丰富的营养成分，是全球公认的理想食品。现代科学也证实了牡蛎、扇贝、海参、海藻等众多的海产，除了用作美味佳肴外，也含有多种活性物质，可在人体代谢过程中发挥重要作用。早在公元前三世纪的《黄帝内经》中，便有着我们祖先以"乌贼骨做丸，饮以鲍鱼汁治血枯"的记载；此外，在我国"药食同源"传统中医

理论的指导下，众多具海洋特色的药膳方、中药复方等在千百年来人们的身体保健、疾病防治等方面起到了不可替代的作用，因而海产品始终备受众多消费者青睐。

海洋生物丰富多样，海鲜美食纷繁多彩。为帮助读者了解海洋中丰富的食材种类，加强对海产品营养价值与食用安全的认识，发扬光大海洋饮食文化，由中国水产科学研究院黄海水产研究所周德庆研究员担当，带领多位相关专家及科普工作者共同编著了包括《大海的馈赠》《海鲜食用宝典》《中华海洋美食》和《环球海味之旅》组成的"舌尖上的海洋"科普丛书。书中精美绝伦的插图及通俗流畅的语言会使博大精深的海洋知识和富有趣味的海洋文化深深印入读者的脑海。本套丛书将全面生动地介绍各种海鲜食材及相关饮食文化，是为读者朋友们呈上的一道丰富的海洋饮食文化盛宴。

"舌尖上的海洋"科普丛书是不可多得的"海鲜食用指南"科普著作，相信它能够带您畅游海洋世界，悦享海鲜美味，领略海洋文化。很高兴为其作序。

中国工程院院士　管华诗

前 言

　　人类海洋文明渊远流长，世界海洋美食浩茗繁星。沿亚洲、欧洲、美洲和大洋洲一路前行，在满溢海鲜香气的舌尖寻味之旅中，邂逅令人惊艳的美食，探寻人们对祖辈烹饪方式的继承与创新。本书将介绍 30 种风靡全球的经典海洋美食，带你体验环球海味之旅。

　　物产丰饶的亚洲孕育出浩繁多样的海味美食：东南亚独特的香料为亚洲美食更添浓浓香气；创意十足的欧洲擅长美食的"混搭"，看似不相关的食材碰撞在一起却会成就殿堂级美味；号称饮食文化"大熔炉"的美洲吸收世界各地的海

洋美食元素，形成独具特色的多元饮食体系；四面环海的大洋洲盛产肥美的海鲜，天然的食材和烹饪方法让大洋洲的海味美食格外鲜美。不同国家的海味佳肴各具特色，异彩纷呈的海洋美食凝聚了人类海洋饮食文化的精华，构成了人类海洋文明的重要分支。

纷繁多彩的海洋美食不仅会带给你视觉、味觉的双重享受，也会为你打开一扇了解世界饮食文化的窗口。

万水千山走遍，寻得缕缕鲜香。亲爱的读者，请和我们一起，寻味世界美食，开启一段愉悦身心的环球海味之旅吧。

环球海味之旅
GLOBAL SEAFOOD CUISINE

目录
CONTENTS

亚洲篇
ASIA

2 ▲ 海边日落

　　亚洲海岸线绵长，岛国众多，拥有浩繁的海洋美食。物产丰饶的中国孕育了影响深远的八大菜系，葱烧海参、佛跳墙等海洋特色菜肴充分展示了中国"菜系"饮食文化的博大精深。相邻的韩国和日本则钟情于"简而精"的美味料理，"无火烹饪"造就了酱蟹、河豚刺身、寿司等营养佳肴。而东南亚美食中所含的香料倍添滋味，丁香、肉桂、豆蔻……浓郁的香味融入海鲜菜肴，成就了冬荫功、亚三叻沙等美食的馥郁鲜香。

　　沿亚洲大陆绵长的海岸线一路品尝，相信你会被丰富多彩的亚洲海洋饮食风味深深吸引。

鲁菜经典
—— 葱烧海参

葱烧海参既是齐鲁大地上咸鲜味美的珍馐，又是名贵的滋补佳品。特殊的"烧"制方法、堪比人参的营养价值使得葱烧海参流传百年而不衰。历史流转，葱烧海参已成为鲁菜宴席上不可缺少的佳肴。软糯多汁的葱烧海参带我们感受文脉延绵的齐鲁风韵。

齐鲁大地的名贵海味

山东省具有丰富的物产资源，上至山珍海味，下至瓜果豆菜 ，都汇集于齐鲁大地，各式各样的原料成就了鲁菜兼容并包的洋洋大观。胶东盛产名贵的海产，鲁菜的烹饪多以海味为原料。葱烧海参正是鲁菜的当家菜。

海参属海参纲，呈圆柱状，人们平时所见到的可食用海参品种，主要是刺参、乌参、梅花参等多个品种，葱烧海参以山东沿海产的上品刺参为原料。采捞刺参极为费时费力，需要人工潜水捕捞。物以稀为贵，珍稀的资源使得海参身价不菲。名贵的海参经过鲁菜大厨的处理，以大葱增香提味，完全去除了腥味，而保留了其柔软爽滑的口感。

葱烧海参几乎是鲁菜盛宴的必点美味。一道精品的葱烧海参卤汁红亮，海参红褐油亮，大葱色泽金黄。细品一口，汤汁浓而不腻，海参鲜咸软糯，葱香味醇。

"烧"出来的营养美味

葱烧海参选料考究，章丘大葱的葱白和山东沿海的刺参是烹饪葱烧海参的上乘原料。决定葱烧海参成败最重要的步骤是海参的处理。首先将干海参涨发。涨发海参的水中不可以沾油和盐，油、盐会使海参腐烂溶化。优质的海参水发后涨性比较大。海参涨发完毕后，以盐水洗净海参体表，并将海参体内残留的泥沙和黏液完全除净。洗净的海参要再焯水，焯水的时间要严格控制，如果时间过长，会导致海参中所含的养分大量流失，变硬的海参难以下咽；焯水时间过短，则不能除尽海参的腥味。

▲ 葱烧海参

▼ 山东刘公岛

　　鲁菜厨师擅长爆、炒、烧等烹饪方法。处理好的刺参最适合用"烧"这一烹饪技法烹制。"烧"是将经过煸炒的食材加适量的高汤和调味品，旺火烧开，以慢火烧透入味，旺火收汁的一种烹饪方法。在炒锅中倒油旺火加热，在油八成热的时候放入章丘大葱的葱白，葱炸成金黄色时捞出放在碗中备用。在锅中放入海参，再加入适量的盐、料酒和高汤，慢火烧制。烧制到八成热时，放入葱白和白糖炒几下，随即放入酱油、姜汁、精盐和味精，旺火加热后收尽汤汁，淋入水淀粉勾薄芡。烧制好的海参香滑汁浓，食后唇齿留香。

　　葱烧海参营养价值很高，常食用海参可以养血润燥、提高免疫力。海参具有补肾生精、防止动脉硬化和抑制肿瘤增长等诸多功效，享有"海中人参""营养宝库"的美誉。

　　不过，海参一次的进食量不宜过多。海参也不宜与柿子、山楂、石榴一同食用，同食会导致腹部疼痛，并且影响消化。

▲ 葱烧海参

以浓攻浓　色香俱全

袁枚在《随园食单》中谈及海参的烹饪之难，"海参无为之物，沙多气腥，最难讨好，然天性浓重，断不可以清汤煨也"。海参烹饪方法多样，但真正将海参烹制得鲜咸可口却有一定的难度。稍有不慎，海参菜肴便会麻舌且苦涩。

葱烧海参的烹饪技法发明之前，最常见的海参烹饪技法便是蒸、煮。丁宜曾在《农圃便览》中记载："制海参，先用水泡透，磨去粗皮，洗净剖开，去肠切条，盐水煮透，再加浓肉汤，盛碗内，隔水炖极透，听用。"蒸、煮的方法很难去除海参全部的腥味，严重影响菜肴的口味。

鲁菜讲究原料质地优良，善用调味品，菜品咸鲜纯正，明、清两代时，成为宫廷御膳的主打，葱烧海参更是不可或缺的御膳。据史料记载，朱元璋十分喜爱品尝海参，海参常作为宫廷食谱中的头道美食。慈禧太后也十分喜爱鲁菜，宫廷中常摆以海参菜肴为主打的"海参宴"。当年，许多鲁菜大厨进京开店，葱烧海参也从高规格的皇家宴席拓展至寻常百姓的餐桌之上，鲁菜的影响力越来越大。

北京丰泽园饭庄老一代名厨王世珍针对海参"沙多气腥、天性浓重"的特点，采取了"以浓攻浓"的烹饪方法，以大葱去除海参的腥气，浓郁的卤汁浸入海参，不破坏海参本身的营养，并且使海参色香俱全。

而今，鲁菜已经成为黄河流域烹饪文化的代表，也是中国著名的八大菜系之一。鲁菜渐渐发展为胶东菜和济南菜两大菜系，分别代表沿海和内陆两方地域的美食特色。葱烧海参作为胶东鲁菜的代表充分体现了胶东菜系的特色，以海鲜为原料，以鲜味为菜肴亮点，给人以回味无穷之感。

一道色香味俱佳的葱烧海参，可谓凝聚着鲁菜的精髓。

▲ 葱烧海参

齐鲁名肴
—— 油焖大虾

油焖大虾是齐鲁大地的珍馐美味，因汁浓味美、营养丰富而备受欢迎，是鲁菜的代表美食之一，悠久的历史更是为它增添了浓郁的文化色彩。

▲ 渤海对虾

鲜虾方能出珍馐

山东地区海洋资源得天独厚，对虾、鲍鱼、刺参等海产品的产量居全国前列。人们将收获的鲜虾悉心加工成各色菜肴，其中最经典的当属油焖大虾。

清明前后，渤海的对虾味道最为鲜美。渤海产的对虾为中国明对虾，因个大体肥、肉质鲜嫩而名扬中外，历来是渤海的重要渔业支柱。

新鲜的对虾才能焖制出鲜香美味的油焖大虾。有经验的大厨会选择虾体完整、虾壳亮泽、虾肉紧实的对虾。如若对虾虾体变红、虾身松弛，则已经变质。

一盘红艳的油焖大虾首先带给食客的是视觉上的享受。每一只对虾都个大体圆、红润发亮，让食客垂涎欲滴。轻轻夹起一只油焖大虾，入口之后，壳肉分离，鲜嫩的虾肉略带咸甜的口感，风味独特，令人回味。

一盘咸鲜适口的油焖大虾既可以是宴席上的珍馐佳肴，亦可以是寻常百姓家下酒小酌的美味，可谓雅俗咸宜。

环球海味之旅
GLOBAL SEAFOOD CUISINE

简易焖法　成就美食

　　油焖大虾既保留了对虾的鲜嫩甘美之味，又有汤汁的浓郁香气，其用料和做法都比较简单。

　　首先，大厨要将对虾进行悉心处理。虾的消化道，也就是虾线中藏有许多污物，这些污物不仅会影响虾的口感，还会因发苦而掩盖虾鲜美的味道。因此，去虾线是处理对虾时必不可少的一步。大厨熟练地用尖锐的工具划开虾背，然后直接挑出虾线。之后，还需将对虾去钳、去须脚。如果喜欢味道浓郁的油焖大虾，可以将对虾做开背处理，这样会让汤汁更好地渗进虾肉，虾肉的口感会更加软糯香醇。

▲ 油焖大虾

　▲ 渤海风光

▲ 油焖大虾

接下来，大厨要将炒锅烧热，加入花生油，将葱、姜、番茄酱、糖、味精、黄酒等调味料爆香，然后将对虾放入锅中，大火煎炒至红色。在煎炒过程中，要不时地用炒勺轻压虾头，使虾头中的虾膏慢慢流出。当虾膏与锅内的油充分融合时，油也会慢慢变成红色。大火煎炒是油焖大虾的关键步骤。经过适度的大火煎炒，虾壳向外裂开，而虾身则有一点缩水，虾壳与虾肉之间存有缝隙，汤汁方能有效地渗进去。"熟物之法，最重火候"，这一步非常考验厨师掌握火候和翻炒对虾的技艺。如果煎炒的时间过长，虾壳与虾肉之间的缝隙过大，虾肉就会变老；如果煎炒的时间过短，虾壳与虾肉之间的缝隙过小，调味料不能完全渗入对虾中，油焖大虾又会风味大减。所以，厨师煎炒对虾的功夫是极为重要的。

油焖大虾不仅汁浓味美，而且营养价值极高，对女士美容养颜、老年人延年益寿都很有帮助。对虾被誉为"馔品所珍"，含有丰富的钙，有助于老人和孩童补充钙质；虾体内的虾青素还有抗氧化的功效。不过，油焖大虾忌与含有鞣酸的水果同食。虾含有丰富的蛋白质，与葡萄、山楂、柿子等含有鞣酸的水果同食，不仅会降低蛋白质的营养价值，还会刺激肠胃，引发不适。

环球海味之旅
GLOBAL SEAFOOD CUISINE

久远历史　传承佳肴

　　我国有悠久的食虾历史。自古至今，以鲜虾为原料烹制的传世名菜不在少数。在我国的"辞书之祖"《尔雅》中就有关于"大虾"的记载。此后历代的古籍中都有关于虾的形态和生活习性的记述。清代学者郝懿行的《记海错》中对渤海的对虾也有详细的记载："海中有虾，长尺许，大如小儿臂，渔者网得之，两两而合，日干或腌渍，货之谓对虾。"

　　各地食虾方法各有不同。江浙地区清爽淡雅的龙井虾仁、广东地区鲜香可口的蒜蓉开边虾都是大名鼎鼎的美味。"齐带山海，膏壤千里"，鲜虾资源丰饶的齐鲁大地除了有汁浓料丰的油焖大虾，还有百花大虾、小鸟明虾、红烧大虾等多种以鲜虾制成的美味菜肴。

▲ 油焖大虾

　　齐鲁风味的鲁菜以家常菜为基础，源远流长，底蕴深厚。唐宋时期，鲁菜的烹饪技法已经达到极高的水准。大厨们不断改进烹饪技法、精选新鲜食材将鲁菜发扬光大。明清年间，山东厨师成为皇宫御膳房的主要成员，山东地区的先辈们还通过闯关东等方式将山东佳肴带到了东北一带，鲁菜也成为中国北方菜的代表。

　　富饶的资源为鲁菜提供了上乘原料，而鲁菜的繁荣发展更离不开祖辈们的探索与创新，即便菜品"简单"如油焖大虾。

闽菜"首席"
—— 佛跳墙

一坛佛跳墙饱含鲜香，精选食材和长时间煨制是它香气扑鼻的秘诀，众说纷纭的传说又为它增添了文化基因。经过历史的传承与积淀，佛跳墙享誉世界，成为公认的闽菜"首席"菜肴，并"跃"上国宴的餐桌。

山珍海味融一坛

福建物产丰富，盛产生猛海鲜与笋类、菇类。丰富的食材使闽菜品类多样，既有平易近人的沙县小吃，又有奢华昂贵的国宴名品。佛跳墙是闽菜中的"首席"名菜，用料珍贵，煨制工序复杂，价格昂贵。大多数人都是只闻其名，却不舍得花高价品尝这一珍馐。

闽系正宗的佛跳墙一般盛于绍兴酒坛之中。古色古香的酒坛中包括众多名贵的山珍海味，轻启荷叶密封的坛口，顿时香飘四座。佛跳墙中的海鲜烂而不腐，清爽弹牙；鸡肉、鸭肉等酥软味腴，软糯柔滑。食材味道相融，却又保留着各自原味。长时间熬炖的浓郁汤头呈褐色，咸中带甜，厚而不腻，细品一口，酒香与食材的香气混合，令人回味无穷。

美味还需慢功夫

佛跳墙原料庞杂，调味佳妙，精选鱼翅、海参、鲍鱼、干贝、鱼唇、竹蛏、蹄筋、鸡脯、鸭脯、冬菇、冬笋等 18 种原料和冰糖、桂皮、枸杞等 12 种辅料。鱼翅最好选择极品菊花翅，其次则是选用虎背翅和青山翅。肉类也应挑选色泽鲜亮的胸脯肉。

制作佛跳墙的工序十分繁复，闽菜大厨常会花一周的时间煨制一坛佛跳墙。精品佛跳墙的制作，首先要分别烹制每种食材。鱼翅需要水发 15 个小时以上，再过沸水，加绍兴老酒去腥，旺火煮两个小时取出。鲍鱼需要泡制三天三夜，后放入高汤中加姜丝、绍兴老酒大火蒸一个小时，使鲍鱼充分入味，取出后沥净汤汁。刺参需要用清水浸泡 12 个小时，将其洗净后，以小火加热。其余的原料、辅料也要以泡、蒸、炸等方式加工烹制，汤汁收容待用。

▲ 佛跳墙

　　佛跳墙讲究储香，保味的秘诀便是它的"煨器"——绍兴酒坛。选用的绍兴酒坛需大而深，窄口宽腹。原材料经过精心处理之后，要一层一层地码放在绍兴酒坛里，再将老汤和绍兴老酒倒入酒坛中至约九分满。将坛中的原料与辅料充分调和之后，把坛口用荷叶密封，加盖并压一只小碗，将酒坛置于白炭火之上，以大火烧沸后改用小火慢慢煨炖五六个小时，使高汤、美酒与珍贵食材充分融合，方能成就一坛醇厚多汁的佛跳墙。

　　佛跳墙不仅味道鲜美，奇香浓郁，而且营养丰富，有滋补美容、延缓衰老、增强免疫力等功效。鱼翅含有丰富的胶原蛋白和能够降血脂、抗动脉硬化的营养成分。鲍鱼含有丰富的蛋白质，较多的钙、铁、碘和维生素 A 等营养元素。干贝具有滋阴补肾、和胃调中、软化血管、防治动脉硬化等功效。

佛跳墙 ▶

宴席乱炖皆可能

关于佛跳墙的起源众说纷纭，其中有两种说法广为流传。第一种说法是佛跳墙起源于官员的宴席。相传清代末年，福州扬桥巷官钱局一位官员设家宴宴请福建布政司周莲，令夫人杨氏下厨做家乡美食"福寿全"。"福寿全"取意"吉祥如意，福寿双全"，是佛跳墙的雏形。杨夫人将鸡、鸭等食材放入酒坛中，以荷叶密封坛口，在炭火上煨制了三天三夜。宴席伊始，官员将"福寿全"置于席外两尺远的地方，慢慢撕开坛口的荷叶，顷刻间，香飘满室。周莲吃后对入口绵香、回味悠长的"福寿全"赞不绝口。回府后，他命令厨子郑春发如法炮制。郑春发到官员家中登门求教，探得食材的奥妙与精髓。他一方面依照传统方法煨制，另一方面又将食材加以改进，多选用海鲜，少用肉食。改良后的"福寿全"越发鲜香可口，唇齿留香。不久之后，郑春发离开周府，在福州开了"聚春园菜馆"。开业伊始，"聚春园菜馆"凭借"福寿全"名号的好彩头和鲜香爽嫩的口感招徕食客。在饕客们的推动下，郑春发保留了酒坛煨菜储香保味的精髓，换下了寻常肉食，加入了鱼翅、鲍鱼等珍贵食材。有一次，"福寿全"上桌启坛时，鲜香的气味触动了一位秀才的灵感，即兴吟诗称赞："坛启荤香飘四邻，佛闻弃禅跳墙来。"从此，"佛跳墙"的名号得以流传开来，越来越多的人知道了这种以酒坛煨制的美味。

另一种说法是经费孝通先生考证过的。费先生考证后，认为发明此菜的人是一帮乞丐。这些乞丐每天拎着陶钵瓦罐到处讨饭，讨来的都是零碎的残羹冷炙。他们将残羹冷炙收集在一起，乱炖烹煮后，热气腾腾，香气四溢。有一天，一位酒店老板偶然在街头上闻到一缕奇香。他循着香味一直走，发现竟是从乞丐的破瓦罐中飘出的香味，由此得到启发，回店后以各种原料杂烩于一坛，配以绍兴老酒，创制出佛跳墙。

如今，佛跳墙扬名海内外，早已成为华人宴席上的名肴，常出现在国宴以及政界要人的宴席上。伊丽莎白女王、西哈努克亲王等都曾品尝过美味的佛跳墙，对其大加赞赏。

坛香启国宴，香飘入海外。佛跳墙中不仅有美味，还承载着中华饮食文化基因。

▲ 台湾西子湾风光

台味小吃
—— 蚵仔煎

漫步在台湾夜市，小贩声声叫卖着热气腾腾的蚵仔煎，吸引着人们买下一份又一份。蚵仔煎是台湾的招牌小吃，也是闽南地区考验女子厨艺的经典菜肴，鲜美嫩滑，甜中带咸，令饕客们垂涎欲滴。

▲ 蚵仔煎

海味美食　甜咸可口

台湾四面环海，渔业资源丰富，各类海鲜成为台湾小吃的主打。蚵仔煎便是风靡台湾地区的传统特色海味小吃。无论是街边夜市的大排档还是高档餐厅，都会有蚵仔煎的身影。尤其是台湾的士林夜市，蚵仔煎的招牌随处可见。《转角遇到爱》热播后，作为男、女主角爱情信物的蚵仔煎更是身价倍增。

蚵仔煎，也称海蛎煎、蚝烙，发源于福建泉州（闽南一带）。蚵仔，即牡蛎，也称为蚝，是海洋中一种固着型贝类。蚵仔喜欢栖息于潮间带和潮下带浅水或避风水域。台湾近海养殖的蚵仔肥美鲜嫩，是煎制蚵仔煎的上佳食材。煎制好的蚵仔煎外皮薄脆、内里细嫩爽滑。再淋上酱汁，趁热品尝，蚵仔鲜美的汁水从爽口番薯糊的包裹中流淌出来，甜中带咸的口味裹挟热气直逼味蕾。饱满的蚵仔、香气扑鼻的鸡蛋和浓郁的番薯糊及酱料，汇成一道美味的蚵仔煎，成为台湾的明星小吃。

鲜蚵佳肴　营养丰富

闻名遐迩的蚵仔煎选料考究。精选食材是制作鲜美的蚵仔煎的第一步。只有用这样新鲜的蚵仔做出来的蚵仔煎才会鲜嫩多汁。在闽南，泉州浔埔村以盛产蚵仔闻名；台湾的台南安平、嘉义东石和屏东东港也都是盛产蚵仔的地区。许多人慕名前来，抢购渔民刚刚捕捞回来的新鲜蚵仔。鸡蛋要选用土鸡蛋。番薯糊则用纯番薯粉兑水制成。

蚵仔煎，顾名思义是使用"煎"的烹制方法制作出的美食。煎制蚵仔煎选用的烹饪工具是铁板，铁板下放置煤炭。煎制时，先要将油浇在铁板上加热，再将蚵仔和土鸡蛋加入热油中煎制。饱满的蚵仔在油光中跳跃，半熟之后，将新鲜的生菜和勾芡用的番薯糊倒入热油中与蚵仔一起翻滚。待蚵仔煎微黄之后，翻面再煎。煎至金黄后，淋上特制的酱汁，一道美味可口的蚵仔煎就做好了。

蚵仔煎营养丰富。蚵仔富含锌，是极好的补锌食材；也含有大量的钙和磷，可以预防骨质疏松症。鸡蛋中含有蛋白质、脂肪酸、维生素 B2 以及卵黄素，可以健脑益智。

▲ 台湾夜市人头攒动

▲
台湾夜市上
商家现场制作蚵仔煎

从果腹之食到明星小吃

关于蚵仔煎的起源，有一则民间传说流传甚广。相传，1661 年，荷兰军队占领台南，郑成功意欲收复台湾，与荷兰军队大战。郑成功率领的军队从鹿耳门攻入，攻势猛烈，大败荷军，却在此时遭遇了缺粮的困境。郑成功军队中的士兵急中生智，就地取材，将当地盛产的蚵仔用番薯粉等包裹，做成煎饼，用以果腹，取名为"煎食追"。用以代替粮食的"煎食追"流传至今，成了风靡台湾的小吃蚵仔煎。

还有一种说法，认为蚵仔煎是五代后梁时期闽王王审知的厨师发明的。王审知是中原人，他不习惯吃福建的贝类，于是从老家请来了一位郑姓的厨师为他制作菜肴。厨师多番尝试，发明了结合海鲜、蛋类、蔬菜多种食材的新菜肴。

蚵仔煎发展至今，已成为台湾的招牌美食。台湾夜市的许多小摊在卖蚵仔煎的同时也卖花枝煎、虾仁煎。其实，这些美食都是蚵仔煎的"变奏曲"。在闽南金三角，蚵仔煎是考验女子厨艺的菜肴。新娘子入门后第一次给公婆做蚵仔煎，如果做的蚵仔煎甜咸适中、风味可口就会讨得公公婆婆的喜爱。这道菜是家家户户"办桌"时的必备菜。

卖蚵仔煎的摊铺遍布台湾，比较著名的有彰化县鹿港镇的"光华亭"海鲜餐厅不加粉浆的蚵仔煎、基隆市仁三路庙口 36 号摊的炭烧蚵仔煎以及台中县丰原市中正路 167 巷的正兆蚵仔煎。如果你到台湾旅游，不妨尝一下外表酥脆、内里软糯的鲜美蚵仔煎，相信它一定会给你留下美好的印象。

▲ 蚵仔煎

寻香韩国
—— 酱蟹

　　酱蟹是一道极具韩国特色的传统海鲜料理。以秘制酱料腌制出的三疣梭子蟹，无论是直接享用还是佐食米饭都极其美味。口感鲜美、营养丰富的酱蟹与大名鼎鼎的拌饭和烧烤并称为韩国三大美食。

酱蟹两吃风味佳

　　韩国人吃螃蟹的历史较为久远，其中，又以三疣梭子蟹最受热捧。将梭子蟹浸泡在酱油和葱、姜、辣椒等调味品做成的酱料中，经过一段时间的发酵，爽口的酱蟹便可以端上餐桌了。

　　吃酱蟹的时候不需要使用繁琐的餐具，直接用双手拿起酱蟹，尽情品尝肥美的蟹肉，并且吸啜蟹黄（或蟹膏）即可。经过酱料腌制的梭子蟹没有腥气，浓郁的蟹鲜味和酱香味中透出几分甘甜的滋味。肉质饱满的蟹肉甘醇细滑，恰到好处的腌制使蟹肉增加了几分微妙的弹性。轻啜一口蟹黄（或蟹膏），丝滑的蟹黄或蟹膏如同在口中融化了一般，香味充盈味蕾，余味悠长。

　　当蟹壳中只剩少量的蟹黄（或蟹膏）和酱汁时，不要着急扔掉。将米饭倒入蟹壳中，与蟹黄（或蟹膏）和酱汁一同搅拌，待粒粒晶莹的米饭充分吸收酱汁、沾满蟹黄（或蟹膏），就成了美味的酱蟹拌饭。水润的米粒配上鲜嫩的蟹黄（或蟹膏），鲜香十足，不知不觉间，就可以吃完一大碗米饭，难怪酱蟹有"白饭小偷""偷饭贼"的别称。

▲ 酱蟹

▲ 普乐酱蟹

▲ 酱蟹

独特酱汁　腌制佳肴

　　做好酱蟹的第一步，是选蟹。经验丰富的大厨熟谙区分雄蟹和雌蟹的方法：雄蟹的脐被称为"尖脐"，呈三角形；而雌蟹的脐被称为"团脐"，呈圆形。大厨会根据蟹黄和蟹膏成熟的时节选择蟹。选定之后，先将蟹的外壳洗净，控干水分后，打开蟹盖，细心去除蟹鳃、蟹脐和沙囊，再将蟹的肚壳对半切开，放在一旁备用。接下来，便到了烹制酱蟹最重要的一步 —— 调制酱汁。每家酱蟹店都有自己独特的酱汁秘方，一般都是以酱油、盐、辣椒为主要调味料调制而成，一些老字号的餐馆会选用陈年酱油烹制酱蟹。不仅调味料的种类是每家特色酱蟹店的秘密，调味料的配比也是酱蟹美味的关键。如果酱汁太咸，三疣梭子蟹的鲜美味道会被酱汁遮盖，而酱汁过淡，酱蟹的保质期限又会缩短；调味料的配比如果出现问题，还会导致酱蟹出现腥味或其他异味。最成功的酱汁应该是口感甜咸适中，既保留酱料的滋味，又不会遮住三疣梭子蟹本身的鲜味。酱汁调制好后，倒入特制的坛子，再将蟹放入其中腌制。有的大厨会在坛中放入大蒜和青椒，以增加酱蟹的爽辣滋味。三天后，将坛中的酱油重新烹煮，放凉后将酱油再次倒入坛中，每隔三天重复这一步骤，重复三四次后，美味的酱蟹便制成了。

　　酱蟹是一道美味又健康的韩式料理，它含有丰富的优质蛋白和大量的微量元素，对人体健康大有裨益。雌性三疣梭子蟹的蟹黄被誉为"海中黄金"，有极好的滋润皮肤的功效；雄性三疣梭子蟹的蟹膏中也富含蛋白质、脂肪酸等营养成分。

◀ 三疣梭子蟹

美味酱蟹 历史悠久

　　三面环海的韩国有丰富的海产资源，而其独特的酱类饮食又为鲜美的海产锦上添花。酱蟹作为一道传统的韩国风味美食是海产与酱料的完美融合。韩国人食用酱蟹的历史可以追溯到 1600年。那时，韩国人为了保鲜食物，发明了以酱油腌制的酱蟹，作为佐餐的一道小菜。后来，他们又发明了以酱油和辣椒粉腌制的调味酱蟹。渐渐地，酱蟹成为招待贵客的佳肴，由于它的口感符合亚洲人的饮食口味，还成为风靡亚洲的营养美食。

　　酱蟹的风靡与众多韩国餐馆对酱蟹制作方法的改良密切相关。1980 年，徐爱淑女士在今首尔新沙洞创办了一家酱蟹营业店，根据祖传秘方制作酱蟹并将其命名为"普乐酱蟹"，首次实现了酱蟹的品牌化。"普乐酱蟹"以店家特制的酱料腌制蟹黄饱满的雌性三疣梭子蟹，酱蟹口感甜咸适口，别具风味。而今，除了新沙洞的总店外，"普乐酱蟹"在首尔三成、釜山海云台均设有分店，成为韩国第一酱蟹品牌。

　　经过创新，传统酱蟹还衍生出咸草酱蟹等美食。咸草酱蟹的酱汁中加入了一种特殊的调味品 —— 忠清南道的咸草。三疣梭子蟹因吸收了咸草的盐分变得格外美味。除了最具代表性的酱蟹外，韩国的海鲜美食众多，包括海鲜汤、海鲜锅、海鲜葱饼，以及令人瞠目咋舌的活章鱼等。

　　精心选料，秘制酱汁，简单又爽口，酱蟹为食客带来一股浓浓的韩式风情。

环球海味之旅
GLOBAL SEAFOOD CUISINE

日料珍馐
——金枪鱼刺身

▲ 金枪鱼刺身

被誉为"刺身之王"的金枪鱼刺身味道醇厚、口感弹牙，它是餐桌上的至尊佳肴，也是日本料理贡献给世界美食宝库的生食美味。新鲜的金枪鱼刺身满溢深海滋味，给我们带来东京筑地市场的一缕鲜香。

深海珍馐金枪鱼

味道鲜美的金枪鱼刺身是广受人们喜爱的日本料理之一。它是极品的美味珍馐，就连不常食用刺身的人也会大快朵颐，品尝这一来自深海的诱人美食。了解金枪鱼刺身首先要了解它的主要食材 —— 金枪鱼。

金枪鱼又名鲔鱼、吞拿鱼，是大洋暖水性洄游鱼类。低、中纬度的深海是其主要栖息地。

金枪鱼是目前已知的唯一能长距离快速游动的大型鱼类，游动速度非常快。金枪鱼不舍昼夜的游动是因为它的鳃肌已经退化，不能主动鼓鳃作吸氧呼吸，只有通过不停地游动，使水流冲击鳃部获取氧气。金枪鱼一旦停止游动，就会窒息死亡。而它不停地快速游动，会消耗大量的热量，也会吸收更多的氧气，这使得金枪鱼鱼肉中的血红蛋白和糖元含量很高，因而鱼肉红嫩，口感鲜甜。

▲ 大眼金枪鱼

▲ 黄鳍金枪鱼

◀ 蓝鳍金枪鱼

▲ 日本海岸风光

▼ 从日本东京汐留地区俯瞰筑地市场

▲ 金枪鱼刺身

　　一般来说，金枪鱼的体型越大，平均脂含量也会越高，口感也会越浓厚肥美。蓝鳍金枪鱼、黄鳍金枪鱼、大眼金枪鱼体型较大，符合制作刺身的高品质要求。其中，蓝鳍金枪鱼最为尊贵，它的平均脂含量可达到15%～20%，是普通金枪鱼脂含量的2～5倍，所以格外肥美。但是，由于蓝鳍金枪鱼被过度捕捞，世界自然保护联盟已将其列为濒危种类，目前市面上十分罕见。常见的金枪鱼刺身是以大眼金枪鱼和黄鳍金枪鱼为食材制成的。

　　一盘新鲜的金枪鱼刺身带给食客的首先是视觉上的享受，红色嫩肉令人垂涎欲滴。轻蘸碟中的酱油和芥末，入口细嚼，饱满的鱼肉鲜嫩爽口，丝毫不油腻。带着芥末的辛辣、酱油的咸鲜，金枪鱼刺身在与舌尖轻触的一瞬，瞬间征服食客的味蕾。这一道来自深海的极致诱惑，是老饕们光临日本料理店必点的佳肴。

　　市面上的金枪鱼罐头是以长鳍金枪鱼为主要原料制成的。这种金枪鱼的体型小，平均脂含量低，口感也比较清淡。

▼ 筑地市场金枪鱼拍卖现场

新鲜造就味美

新鲜度是评价金枪鱼刺身优劣的重要因素。金枪鱼鱼肉中的肌红蛋白极易被氧化，如果保鲜措施不当，鱼肉会变成暗淡的灰褐色。最常见的保鲜方法是超低温深冻法。超低温深冻法是指渔民利用船上的速冻装置在金枪鱼僵死前将它快速冻结，这样能最大程度地保持鱼肉鲜度和营养。

金枪鱼的解冻也是决定其新鲜度的重要工序。金枪鱼不能用传统的水流解冻法解冻，不然其外层鱼肉会被过度解冻，鱼肉品质无法保证。金枪鱼应采用冷藏库解冻法，这样可以最大限度地保证鱼肉的质量。

金枪鱼解冻后，大厨会娴熟地将它改刀处理成约 5 毫米厚、大致均匀的薄片，并配以芥末和酱油。

金枪鱼是国际营养学会推荐的三大类营养鱼之一，富含不饱和脂肪酸和牛磺酸，可以降低胆固醇，帮助肝脏排毒。鲜美十足的金枪鱼刺身有高蛋白、低脂肪、低热量的特点，并含有多种人体所需的营养元素，能够防治动脉硬化、贫血等疾病。

▼ 筑地市场上商家现切冷冻金枪鱼

从下等鱼到鱼市宠儿

金枪鱼如今是炙手可热的海鲜明星，但它受到食客的热捧却经历了一个漫长的过程。

100 多年前，日本天皇颁布了肉食禁令，禁止日本民众食用畜肉。但是，金枪鱼口感浓重，不符合日本民众饮食清淡的口味，被视为下等鱼。直至后来，日本明治政府废除了肉食禁令，丰富多样的西方食材随之涌入，改变了日本民众的日常饮食，尤其是牛肉等脂类饱满的肉类让日本民众习惯于食用脂类丰富的食品，金枪鱼刺身慢慢被搬上餐桌。

第二次世界大战之后，日本向欧美各国出口电子产品，为了填补回程飞机的空舱，便把低价收购的金枪鱼空运回日本，金枪鱼逐渐成为日本民众最喜爱的食材之一。

现在，每天都有很多人去东京筑地市场挑选金枪鱼。东京筑地市场是日本最大的水产品市场，与秋叶原、浅草寺并称为东京三大景观。东京筑地市场始建于 1923 年，总面积为 23 万平方米，它的核心区称为"场内"。因年代较久远，东京筑地市场从外部看起来较为陈旧，但每天都会有许多批发商到此购买新鲜的海产，而味美鲜嫩的金枪鱼更是这里的主打海产 。东京筑地市场的海产买卖仍延续着传统的拍卖方式，批发商通过竞价购得自己中意的海产。如果你前往东京筑地市场，就能看到人声鼎沸的拍卖场景。

东京筑地市场的拍卖原则上都是针对店铺经营者，不允许个人买主参与拍卖。每位参与拍卖的买主都要戴一顶有号码的帽子，帽子上的号码是买主进入东京筑地市场的通行证。进入市场后，卖主高声喊出价格，并且喊出一连串的暗语。每个店铺所需要的海产不同，使用暗语能有效避开哄抢的场面。

来自深海的金枪鱼现已广受欢迎。但与此同时，由于人们的过度捕捞，金枪鱼的数量越来越少，值得我们注意。

带刺的玫瑰
—— 河豚刺身

河豚刺身莹白如雪，味道鲜美，营养价值高，但河豚所含的毒素让人望而却步，好在娴熟的大厨能用精湛的刀工去其毒性。如今，日本下关鱼祭节每年都会迎来世界各地的饕客和商人，河豚餐饮已经演变为一种独特的日本饮食文化。

色味俱佳乃上品

河豚刺身，也被称为河豚生鱼片，是日本料理中的一道美味佳肴。日本是世界上河豚消费量最多的国家，也是养殖河豚最早的国家之一。日本沿海的九州、四国以及山口县的河豚产量尤为丰富。河豚经过大厨的巧妙处理，变成薄如蝉翼、晶莹剔透的鱼肉片，有层次地摆放在盘中。饕客们甚至能透过雪白的河豚刺身看到盘子的底色。

河豚刺身的摆盘追求美观，鱼肉片由外向内层叠排列成菊花、牡丹、仙鹤、孔雀等图案，日本人将其分别命名为"菊盛""牡丹盛""鹤盛""孔雀盛"等。一道河豚刺身的摆盘宛如一件精美的艺术品，让人不忍下箸。赏心悦目的图案最外侧一圈要留一个缺口，用来盛放河豚鱼皮切成的丝和蘸料。食用河豚刺身所配的蘸料并不是芥末酱，而是用葱姜末、酱油、醋、柚子汁等调制而成。河豚刺身味道较淡，这种蘸料可以激发河豚鲜味。

小心翼翼地夹起一片河豚刺身，轻点蘸料，入口细品。河豚刺身鲜嫩爽滑，肉质紧实。置于盘子一侧的河豚皮也富有韧性，口感弹牙。

▲ 日本下关角岛大桥　37

去毒切片见真功

　　古人有"拼死吃河豚"一说，河豚味道鲜美，但其卵巢、肝脏和血液都含有毒素。河豚毒素无色无味，但有剧毒，且加热后不会分解，一个体重为 60 千克的成年人只需摄入 0.5 毫克就会毙命。因此，去毒是制作河豚刺身时最重要的一步。

　　在日本，只有取得河豚割烹执照的大厨才能制作河豚刺身。大厨将整只河豚放在案板上，放血后，用一柄小刀割去鱼头，切掉鱼鳍，再用尖刀剥下鱼皮。接下来，大厨需要全神贯注，小心取出河豚的卵巢和肝脏，并将其他内脏一并去除，然后用流水清洗处理后的河豚。

河豚 ▲

大厨在取河豚内脏的时候一定要注意手上的力度，力道太轻不能把所有的内脏清除干净，力道过重则容易碰破河豚内脏上的薄膜，导致内脏中的毒素流出。富有经验的厨师一般会将薄薄的刀小心翼翼地插入河豚的颌骨处，片开鱼鳃，慢慢拉出鱼鳔、肾、肠。在取生殖腺时，要用左手的拇指和食指轻轻捏住生殖腺的连接处，右手握住刀尖轻轻一划，仔细取出。取出的有毒部分不能随意丢弃，必须有序地摆在托盘中，清点无遗漏后，倒入带盖的铁桶内，拿到专门地点去处理。

▲ 河豚刺身

虽然经过处理的河豚肉几乎不含毒素，但河豚的血液容易浸染内脏的毒素而带毒。河豚解剖去毒步骤完成后，还要进行繁复的清洗，河豚要在专用的盆中洗、漂多次，直到河豚肉上看不见一丝血痕，河豚的去毒工作才算完成。

河豚的剥皮和切片也极其考验厨师的技术。大厨需要剥掉河豚黑色的外皮，留下一层薄薄的内皮再切片加工。河豚肉必须切得均匀，要薄如纸，否则鱼肉不易咀嚼，有损河豚刺身的口感。

河豚刺身营养丰富，具有一定药用价值，有驱寒除湿的功效，可辅助治疗腰腿酸痛，也可消肿解毒。河豚肉中含有丰富的谷氨酸，锌元素和硒元素的含量也较高。河豚的精巢又称"白子"，呈象牙色，口感细腻、嫩滑，含有丰富的蛋白质，被奉为补身极品。

禁令挡不住的佳肴

虽然河豚在当今的日本很受欢迎，但它曾有过被勒令禁食的历史。日本战国末期，丰臣秀吉一统日本，集结 15 万武士发动"文禄庆长之役"，出兵攻打朝鲜。众诸侯及将士在九州佐贺县会合。九州地区粮食短缺，却是河豚的盛产地。将士们不知河豚有剧毒，纷纷食河豚充饥，许多将士中毒丧命，丰臣秀吉侵略朝鲜的计划也因此以失败告终。丰臣秀吉一气之下发布了河豚禁食令。至德川幕府的江户时代，违反河豚禁食令的处罚越发严厉。武士和大名们一旦违反，将被没收俸禄，降为庶民。

直到 1888 年，河豚禁食令才被废除。当时，总理大臣伊藤博文到达山口县下关，入住春帆楼。恰逢暴风雨天气，春帆楼的老板娘买不到新鲜鱼虾，情急之下，只得为伊藤博文烹制一桌河豚宴。伊藤博文食后赞不绝口，询问是什么鱼，老板娘战战兢兢地如实禀报整桌都是河豚。伊藤博文得知后不但没有将老板娘治罪，还废除了河豚的禁食令。

如今，每年的下关鱼祭节都会吸引来自世界各地的游人前来品尝河豚。下关位于日本山口县最西端，隔关门海峡与九州的门司港相望。得天独厚的地理位置使得下关地区盛产河豚，成为日本最大的河豚批发集散地。日本近90％的河豚是由下关河豚市场出售的。4 月份，正是河豚最鲜美的时候。下关当地的唐户市场等鱼市场在周一到周六的清晨便会开市。大量河豚等着饕客和商人前来购买。人潮涌动的鱼市场还有不少戴着红色与黄色帽子的人。红帽子代表卖方，黄帽子代表买方。他们都是经营河豚的经纪人。

河豚刺身这道美食，游走在美味与危险之间，像带刺的玫瑰，令饕客拼死一尝。

▲ 河豚刺身

▼ 下关唐户市场

41

简约美食
——寿司

　　日本饮食崇尚自然之味，寿司使用简单的食材，采用无火的烹饪方式，充分保留了各种食材的原味和营养。寿司作为日本的传统食物，如今已成为日本饮食文化的一大象征。

▲ 寿司

步步有序品美味

　　近些年，日本已成为饕客最爱的美食胜地之一，而寿司无疑是其最爱的口腹之享。无论是在豪华的高级餐厅还是街边小店，都可以品尝到美味的寿司。

　　厨师会根据顾客的需求选择食材，将刺身、鲜虾和其他食材码放在宛若凝脂的白米饭上，以高超的技艺捏制出造型精美的寿司。

　　一道道精美的寿司色彩丰富，给人以视觉上的享受。寿司的"华丽登场"也有一定的顺序，应该是由清淡到浓郁。首先登场的是白肉类寿司，如鲽鱼寿司；这类寿司洁白嫩滑，味道清淡。接下来登场的是银身鱼制成的寿司，如秋刀鱼寿司；这类寿司呈现出闪亮的银色，味道鲜美。继而登场的是红肉类寿司，如金枪鱼寿司；这类寿司色泽红润，味道浓郁。最后登场的才是鲜嫩多汁的星鳗寿司。品尝时的顺序不宜随意改换，否则品尝过味道比较浓郁的红肉类寿司，就会对清淡的白肉类寿司的味道感觉迟钝。

　　色彩鲜艳的寿司宛如一件件精心雕刻的艺术品，引得饕客们垂涎三尺却又不忍吞食。但如果你"怜香惜玉"，用筷子分食寿司，就会引起大厨的不满。因为使用筷子必然会破坏寿司的完整性，将寿司拆解成刺身散片和珍珠饭粒，大厨自然会感觉自己的心血遭到毁坏。

环球海味之旅
GLOBAL SEAFOOD CUISINE

▲ 寿司

　　酱油和山葵是寿司的两味最佳配料。红紫色、挂碗不沾碗的酱油是优质的调味料，大厨会根据寿司的种类来搭配重口、浓口或淡口的酱油。酱油带有淡淡香气，使寿司在清爽的口感中多了一丝鲜香。寿司的另一味最佳配料是山葵，俗称绿芥末，它的日文发音是"瓦沙米"。山葵味道辛辣，与寿司搭配在一起可以提升刺身的鲜味。但不要将山葵和酱油掺到一起，只需将少许山葵抹到刺身上，再将刺身前 1/4 略蘸酱油即可。

　　在品尝寿司时，厨师还会为食客悉心准备一小撮清口的寿司姜和一杯粗茶。在品完一道寿司后，食客要嚼几片寿司姜并喝一口粗茶，去除口中残留的寿司味道，以便品尝下一道寿司。

无火生食存营养

　　寿司中的刺身都是经过寿司料理店师傅亲自挑选的。食客们喜爱的刺身种类有鳗鱼、三文鱼、银鱼等，其中，价格昂贵的金枪鱼最受追捧。凌晨三四点，东京筑地市场已经人潮涌动，寿司料理店的师傅们争相竞价，选择满意的食材。

　　米饭的质量也是决定寿司品质的重要因素。高档寿司的米饭颗粒圆润、色泽白净、泛有亮光，因像舍利子而得名"银舍利"。这样的米饭颗粒有弹性，不会被挤压变形。

▲ 日本海岸风光

　　优质的米饭要经过经验老道的大厨的捏握才能变成香甜可口的寿司饭团。寿司的捏制极其讲究技巧，大厨会在饭团中包入一定量的空气，并且以适当的力道捏握。从捏握寿司的次数可以看出大厨的功夫。饭团经手的时间过长，体表的温度会使饭团变得温热无趣。技艺尚精的大厨一般需要捏握五次，而高级餐厅的老道大厨有可能只需四次、三次甚至两次就可以把饭团捏好。捏好的寿司外紧内松，饭粒入口方散，刺身与米饭完美交融。

　　无火的生食方式能最大限度地保留食材的营养成分。不同的寿司营养价值不同。金枪鱼富含被誉为"脑黄金"的 DHA，有助于大脑和中枢神经系统发育。鳗鱼有补肾益气的功效。三文鱼享有"水中珍品"的美誉，能有效降低胆固醇。

▲ 寿司制作步骤

环球海味之旅
GLOBAL SEAFOOD CUISINE

▲ 寿司

古法至今成文化

寿司是日本的传统食物。弥生时代末期，日本先民将保存鱼的方式称为"寿司"。渔民将熟米饭放入鱼膛内，并把鱼放入坛中使其自然发酵。鱼不久就会产生微酸的鲜味，是绝佳的美味，这也成了寿司的原型。后来，出海的商旅和渔夫用醋腌制米饭，再在米饭上加入海产做成块状的饭团作为途中的食粮，寿司也由此在世界各地广泛传播。

现在，世界各地的饕客会不远万里到东京品尝正宗的寿司料理。东京几乎每一条街道都有寿司店，从精致小巧的寿司店到规模较大的回转寿司店，林林总总，带给食客不一样的美食体验。日本最大鱼市场 —— 东京筑地市场是寿司店的聚集地。这里的寿司店人潮涌动，寿司店门前经常会排出如龙的长队。最著名的餐厅是黛瓦餐厅。这家餐厅的寿司从原料采购到捏制摆盘皆十分讲究，供应的寿司新鲜味美。进入寿司店，说一句"omakase"（由大厨您决定啦），便可以坐下来等待一道道赏心悦目的寿司登场。

▲ 寿司

美味的寿司，用的是极简的烹制方法，却带给食客难忘的美食体验。它既是满足食客口腹之欲的美食，也是日本饮食文化的一大象征。

速食美味
—— 章鱼烧

章鱼烧，俗称"章鱼小丸子"，源于日本大阪，因其味道鲜美、营养丰富、造型可爱且便于食用而广受欢迎。皮酥肉嫩的章鱼烧代表着大阪速食文化，带给我们别有情致的日式风尚。

▲ 章鱼烧

大阪小吃　色味俱佳

在日本民间，流传着"大阪吃穷，京都穿穷"的说法。在江户时代享有"天下第一厨房"美称的大阪是日本饮食文化的代表城市。大阪虽然没有如京都的怀石料理和山口的河豚刺身那样的饕餮盛宴，但其速食文化却让它在日本饮食文化中独具特色。箱寿司、红豆汤圆、串肉排……不胜枚举的小吃吸引着来自世界各地的游客。在这些精巧的小吃中，章鱼烧是游客们的首选。

章鱼烧起源于日本大阪，大阪街头随处可见新鲜出炉的章鱼烧，一个个浑圆的章鱼烧金黄细嫩，上面涂着秘制的棕色酱汁及乳白色的沙拉酱，撒着青绿色的海苔及色泽淡浅的木鱼花，以可爱的造型、丰富的色彩挑逗着人们的食欲。正宗章鱼烧的外皮很薄，而内馅丰富，每一个章鱼烧中都有一大块嫩滑的章鱼，新鲜的章鱼经过烹制加工后，口感鲜香而富有弹性，令食客们回味无穷。

日料秘方 —— 木鱼花

木鱼花是由鲣鱼加工制成的日料调味品。鲣鱼又称柴鱼、木鱼，与金枪鱼较为相似，鱼体呈纺锤形，在日本分布较为广泛。日料中常使用的木鱼花是将鲣鱼多次烘烤、干燥后削成薄片制成，有特殊的咸鲜之味。木鱼花营养丰富，其原料鲣鱼益阴活血，且利于通乳，对产妇益处良多。

速食美味 章鱼烧制

　　章鱼烧最主要的食材是长相奇特的软体动物——章鱼。烹饪美味的章鱼烧需要选用新鲜的章鱼和优质的章鱼烧粉。优质的章鱼烧粉不粘锅，出丸率高，也是章鱼烧外焦里嫩的必要食材之一。

　　特殊的烹饪工具也是章鱼烧口感独特的重要原因。烹制章鱼烧的器具是一种特制的烤盘，黝黑的铁板上有成排的圆形凹洞，放油烤热铁板后，再将章鱼粉浆通过漏斗倒到凹洞中，待粉浆成形后，加入切好的大头菜、洋葱等蔬菜和章鱼粒。等待一段时间后，将半熟的章鱼烧翻面再加入章鱼粉浆，待章鱼烧呈圆球状后便可取出。大厨会在状如乒乓球的章鱼烧上面淋上特制的章鱼烧酱和沙拉酱，撒上海苔和木鱼花。

　　章鱼烧最正统的食用方法是即买即吃。品尝章鱼烧的时候，不要将它一口放进嘴里，避免被烫到，而是要用牙签轻轻拨动，略散热气，方可食用。不过如果章鱼烧放置时间过久，食客们再用微波炉加热，章鱼烧就会变得十分黏软，口感和味道也远远不及新鲜出炉时。

　　章鱼含有丰富的优质蛋白，养血益气，对孕妇、产妇都极有益处。

▼ 章鱼烧

▲ 章鱼烧

▲ 章鱼烧

快餐文化代表食品

章鱼烧的历史要追溯到昭和八年（1933年）。据传，章鱼烧的创始人是大阪会津屋的第一代老板——远藤留吉先生。最初，远藤留吉将肉、魔芋等食材裹上面粉煎烤后卖给食客，物美价廉，广受欢迎。直到1935年，远藤留吉发现以海鲜作为主要食材烹制出的小吃更具弹性，味道也更鲜美，于是开始以章鱼为原材料烧制独特的速食美味。远藤留吉将它命名为章鱼烧，其可爱的造型深得食客的青睐，也被亲切地称为"章鱼小丸子"。不久，日本便开始流行快捷美味的章鱼烧。随着日本旅游业的发展，章鱼烧风靡东南亚各国，成为人们交口称赞的快餐食品之一。

而今，章鱼烧、串肉排、大阪烧并称为大阪的三大快餐，它们令大阪在日本美食界独树一帜。而正宗的章鱼烧在大阪最大的购物区——心斋桥随处可见。拥有许多招牌显眼的章鱼烧店是心斋桥的一大特色，而且，除了章鱼烧，心斋桥还有许多章鱼烧造型的玩具、冰箱贴、手机链等。名气最大的章鱼烧店铺是本家章鱼烧，价格亲民，十分美味。

如今，章鱼烧不仅是大阪速食文化的代表小吃，也是日本的国粹小吃，更是大阪城市及其历史发展的见证者。

泰国"国汤"
——冬荫功

　　泰国各色食材荟萃，汇成一锅鲜美馥郁的冬荫功，皇家故事更是为其增添了几分传奇色彩。吞武里王朝至今 200 多年的时间里，没有任何一种汤品可以撼动冬荫功在泰国的"国汤"地位。

▲ 冬荫功

酸辣虾汤　五味俱全

　　繁华的曼谷曾被评为全球最受欢迎的旅游城市。游客们冲着融合多种文化、包容万象的"天使之城"的名气而来，也被曼谷的饮食文化深深吸引。传统的曼谷美食冬荫功独具特色，被评为世界十大名汤之一。

　　冬荫功又名东炎汤，在泰语中，"冬荫"意为酸辣，"功"则是虾的意思，顾名思义，冬荫功便是酸辣口味的虾汤。冬荫功的主要食材包括虾等海鲜，配料则包括泰国独有的柠檬叶、香茅、泰国辣椒、咖喱、鱼露等，用料颇丰，香味浓郁。

　　色泽亮红的冬荫功五味俱全，先以鲜美的酸味开胃，细品之后，只觉汤味馥郁嫩滑，既有柠檬叶、香茅的清香之气，也有鱼露的酸甜之味。紧接着，泰国辣椒的辣味和咖喱的香味让人食欲大增。剥一只虾入口，细腻的虾肉更是让人赞不绝口。

▲ 繁华的泰国曼谷

▲ 泰国曼谷夜景

浓香佳肴 营养丰富

冬荫功选用新鲜的大虾，先取出半份大虾用于煮汤，待汤汁散发出香气之后捞出大虾放置一旁，另做他用。剩下的半份大虾剥离虾头并剔除虾线。处理好大虾后，在锅中倒入少量的橄榄油，将虾身和虾头入锅煸炒，直到变为微红色后取出。同时，将新鲜蛤蜊煮熟。

接下来，将煸炒好的大虾及煮好的蛤蜊放入高汤中，再加入柠檬叶、香茅、泰国辣椒、咖喱等调味料煮20分钟。调味料是冬荫功的灵魂，其中，咖喱不可或缺。咖喱由茴香粉、红花、豆蔻、八角、郁金香粉等十几味香料熬制而成，有浓重的辛香气味。煮好后，在汤中加入几滴鱼露，会让冬荫功的味道更加丰富。冬荫功的调味料风味各异，富有不同层次的风味，造就了冬荫功浓郁强烈的香味。

冬荫功 ▲

▲ 冬荫功配料

冬荫功中的海鲜营养丰富。作为主要食材的虾含有丰富的磷、钙等，能增强人体免疫力，有补肾、壮阳、通乳等功效。蛤蜊肉高蛋白、低脂肪，能清热化痰、生津止渴。此外，冬荫功的配料也十分讲究。柠檬叶可以滋润肌肤，是美容佳品；香茅被誉为"消痛剑客"，有消毒、杀菌和止痛的功效。

华裔国王定名的"国汤"

冬荫功的发明有一个传奇的小故事。18 世纪，泰国历史上曾出现过一个短命王朝 —— 吞武里王朝。那时的国王是华裔郑信。他勤政爱民，是泰国历史上的英雄人物。有一次，他的女儿淼运公主生病，不思饮食，郑信就命令御厨为她烹制了一道开胃汤。机智的御厨将各类海鲜与泰国特有的香料放在一起煮，熬成一锅黏稠的红色浓汤。公主喝了之后，感觉通体畅快，病情也随之减轻。郑信大加奖赏御厨，并将这道开胃汤命名为冬荫功，定为"国汤"。

现在，冬荫功已经是不折不扣的泰国菜的代表。同时，冬荫功在东南亚其他国家，如马来西亚、印度尼西亚、新加坡，也备受食客青睐。而制作冬荫功的材料也开始多样化，许多泰国料理店的厨师研制自己独特的配方。有的厨师在冬荫功中加入浓郁的椰汁，有的在其中加入鲜甜的圣女果，这些食材使冬荫功的味道更加鲜美。

东南亚的菜肴偏向于重口味，重酸重辣的菜肴不胜枚举。这主要是因为东南亚天气潮湿闷热，重口味的菜肴能够有效刺激人的味蕾。如果你到泰国旅游，千万不要忘记品尝这些重口味菜肴中的经典代表 —— 冬荫功。塔林普林餐厅是品尝冬荫功的极佳选择，口味佳，价格适中。

冬荫功汤堪称是东南亚菜肴中的当家花旦，以其独特的口感吸引着世界各国饕客。小小一碗汤，彰显出无穷的魅力。

▼ 泰国曼谷风光

▲ 马来西亚海景

娘惹风味
—— 亚三叻沙

中式食材融合马来香料和调味料烹制出独具东南亚风味的亚三叻沙。亚三叻沙以其酸辣鲜香的口感令食客口舌生津，娘惹文化又为它增添了几分浪漫色彩。一碗亚三叻沙汤料满满，滋味浓郁，带给我们包罗万象的东南亚风情。

酸辣料理　风味独特

叻沙是马来西亚的一道代表美食。它以中式浓汤为载体，添加马来风味的特色配料烹制而成。在马来西亚的不同地区，叻沙采用的食材和做法不尽相同，但享有"东方花园"美誉的槟城拥有最热辣、美味的亚三叻沙。

在马来西亚语中，叻沙是"酸"的意思。亚三叻沙的汤底是用鲭鱼熬制的略带酸味的浓汤。微酸的味道来源于浓汤中的酸豆，刺激着食客的味蕾。细细品味，食客不禁会惊叹，一碗亚三叻沙的浓汤竟然五味俱全，尤其是鲜、辣之味格外浓郁。这是因为其中加入了丰富的香料，酸豆、柠檬香草、薄荷、辣椒、咖喱……众多的草本香料和调味料使亚三叻沙的汤汁香气四溢，而且各种味道有鲜明的层次感。值得一提的是，大多数马来西亚叻沙都在汤中加入了鲜香的椰奶，而槟城的亚三叻沙是不加椰奶的，汤底的口感更加清爽、纯粹。

大厨将味美醇厚的汤汁浇在柔韧的粗米粉上，配以豆芽、虾、鱼饼等配菜，再冠上独特的马拉西亚虾膏 —— 峇拉煎，满当当的一大碗亚三叻沙，引得食客垂涎三尺。爽滑的粗米粉由于吸收了香料和调味料的多重味道而更具风味。轻咬一口粗米粉，酸酸辣辣，咽入喉中，周身都感到畅快淋漓。而熬制高汤的鲭鱼鱼肉鲜嫩可口、肉质紧致，更是令食客赞不绝口。

营养美味　汤浓料丰

　　传统的亚三叻沙以甘望鱼熬制底汤，但由于甘望鱼数量较少、价格昂贵，大多数餐厅都会选用鲭鱼作为熬制亚三叻沙底汤的主要食材。大厨会将鲭鱼煮熟去骨后备用。熬制亚三叻沙的底汤必须选用新鲜的鲭鱼，因为鲭鱼体内的生物酶含量高，一旦死亡，体内的生物酶便会急速分解鱼体的蛋白，不久鱼身便会腐烂、变质。只有采用新鲜的鲭鱼，才能保证亚三叻沙底汤味道纯粹、香浓。

　　做亚三叻沙时，不仅对鲭鱼的新鲜度要求苛刻，而且大厨精制香料和调味料的过程也十分繁琐。做亚三叻沙需要的香料和调味料繁多，主要有酸豆、咖喱、红辣椒、南姜、黄姜、香茅等。这些食材都要经手工捣碎，并用土锅炒制。纯手工烹制才能最大限度地保留各种配料的原味。

　　准备好食材后，要在锅中添入一定量的水、香料和调味料，将煮熟去骨的鱼肉一起入锅熬制。接下来，大厨要在滚烫的亚三叻沙高汤中加入粗米粉、鲜虾和时令蔬菜。一段时间过后，粗米粉变得外软内韧，便可以倒上风味独特的峇拉煎以备食用了。

　　食材众多的亚三叻沙营养丰富，有极佳的滋补功效。鲭鱼的肉能够改善人体虚弱的状态，并且可以辅助治疗慢性胃肠疾病。亚三叻沙的调味料峇拉煎由小银虾制成，含有丰富的磷、钙。另一味调味料酸豆则有抗坏血病的功效。

马来料理的"灵魂"
——峇拉煎

　　峇拉煎，又名马拉盏、巴拉煎，是独具马来西亚风味的特色虾膏，也是马来西亚料理的"灵魂"。峇拉煎的制作过程较为繁复，渔民将小银虾经盐渍、曝晒等多道工序处理，再捣成糊状，放置在阳光底下发酵后才能制成峇拉煎。峇拉煎以腥中藏香而闻名，虽然闻起来咸腥无比，入口却鲜美异常。马来菜肴口味偏重，即使是在辛辣的辣椒和咖喱等调味料的冲击下，峇拉煎的口感依旧毫不逊色。

▲ 亚三叻沙

▲ 亚三叻沙

娘惹风味的完美典范

　　娘惹美食融合了中国食材和马来风味，而最负盛名的娘惹美食 —— 亚三叻沙则是华人与马来人通婚的浪漫产物。

　　相传，郑和下西洋时带有一众随从，他们中的很多人都在南洋一带定居，并和当地人结为夫妇。早期华人与马来人通婚的后代有特定的称谓，男子称为"峇峇"，女子称为"娘惹"。而近些年，"娘惹"成了华人与马来人通婚后代的泛指。他们在延续中华传统文化的基础上，融合马来西亚当地的文化特色，形成了与众不同的娘惹文化。

　　娘惹美食融合了马来西亚和中国南部的美食元素，偶尔也吸收泰国美食和印度美食的风味。娘惹美食偏爱海鲜，引入了中餐的糕点、汤面及炒菜，并通过使用峇拉煎、柠檬香草、薄荷等配料体现马来风味。亚三叻沙是娘惹菜肴的完美典范。

　　如果想要品尝正宗的亚三叻沙，一定要到娘惹菜肴的发源地 —— 马来西亚的槟城。槟城以多元文化著称，这里有印度教寺庙、马来西亚的清真寺及各种泰国餐厅。在这里，你可以尽情品尝别有风味的娘惹美食。

　　有人称赞亚三叻沙好像一张印了东南亚风情的明信片，人不必到这个地方，就能感受到它的椰林，还有沙滩、烈日。在槟城的岛屿上，欣赏着郁郁葱葱的植被，品尝着酸辣的亚三叻沙，足以感受到娘惹文化的源远流长。

"花园城市"新加坡

新加坡"国菜"
—— 辣椒蟹

辣椒蟹的历史并不久远，但这并不影响它在新加坡人心目中的"国菜"地位。经验丰富的大厨以精选的食材、独特的秘方悉心烹制斯里兰卡蟹，创造出辣椒蟹的辛辣美味，也为我们带来了别具一格的南洋风味。

▲ 辣椒蟹

蟹香佳肴　味美料丰

"花园城市"新加坡地处热带且四面环海，气候炎热潮湿，当地人为了排湿去毒，经常食用辛辣口味的菜肴，习惯将辣椒与海产结合在一起。著名的新加坡"国菜"—— 辣椒蟹便是以辣椒和螃蟹为主要食材烹制而成的美味佳肴。

令新加坡人引以为豪的辣椒蟹量大料丰，所选螃蟹重量都在1千克以上，至少可供两个人食用。心灵手巧的大厨将红彤彤的螃蟹摆成各式各样的造型，其中，招财进宝式辣椒蟹因美观而吉利，尤其受食客欢迎。

辣椒蟹蟹肉充分吸收了辣椒和东南亚香料的滋味，口感微辣，且带有酸甜的味道，具有浓郁的南洋风味。辣、酸、甜三种味道互相交融却又保持着平衡，非常可口。辣椒蟹红亮的汤汁中融汇了蟹香、辣椒香及东南亚香料的香味，味道浓郁，十分适合佐食面食。将馒头等面食蘸着香辣浓稠的汤汁食用，着实过瘾。

营养美食　烹制考究

辣椒蟹味道鲜辣的重要原因在于其选材考究。新加坡人精心选用斯里兰卡蟹为食材。斯里兰卡蟹是东南亚、南亚地区对锯缘青蟹的别称，属梭子蟹科青蟹属。较之其他蟹类，这种蟹食量大且生性凶猛，因而个头硕大且肉质紧实饱满，味道格外鲜美，十分适合烹制辣椒蟹。

辣椒蟹的做法并不复杂，但是要烹制出一道风味独特的辣椒蟹还需要大厨下一番功夫。一道正宗的辣椒蟹要求蟹肉饱满鲜嫩，且酱汁应该酸甜适中，以不遮盖螃蟹的鲜香而又能增加菜肴的丰厚滋味为佳。

大厨将斯里兰卡蟹洗净去壳。蟹壳保持原状，放置一旁备用。蟹身斩为大小均匀的 4 ～ 6块。接下来，便到了烹制辣椒蟹最重要的一

▲ 新加坡狮身鱼尾像

步 —— 调制酱汁。辣椒蟹酸甜、香辣的口感主要源自其浓稠的酱汁，每家辣椒蟹餐厅都有其独特的酱汁秘方。大厨将油锅烧热，放入东南亚香料、番茄酱、辣椒碎、蒜末、洋葱末煸炒。待鲜红色的酱料溢出香味后，将蟹块放入锅中翻炒至红色。然后，在锅中加入少量的料酒和适量的水，焖煮 10 分钟左右。最后，在汤汁中加入适量的水淀粉勾芡，再慢慢倒入蛋液，待汤汁翻滚后即可摆盘。

斯里兰卡蟹有"海上人参"之称，含有丰富的优质蛋白质，而辣椒中含有丰富的维生素 C，因而辣椒蟹既可以排湿去毒，又可以增强免疫力。

▲ 辣椒蟹

华人移民的创意发明

　　不同种族、国家的移民将本国文化带入新加坡，经过百年的交流融合，创造了多元文化融合的新加坡文化，也使新加坡成为风味美食的汇集地。辣椒蟹便是由新加坡华人徐炎珍女士发明的。

　　最初，徐炎珍是为孩子和丈夫烹制的这道美味菜肴。她以肥硕的螃蟹为食材，加入了孩子喜爱的酸甜口味的番茄酱，并在美食家丈夫林春义的提议下加入了辣椒，创造出了色香诱人的辣椒蟹。1956 年，徐炎珍夫妇在新加坡东海岸的八鲜海味中心设了一个摊位，售卖这道具有创意的美食杰作 —— 辣椒蟹。每天，徐炎珍夫妇的摊位前都人潮涌动。随着生意越来越好，他们在新加坡开起了海鲜餐馆，售卖新鲜的辣椒蟹，餐馆门庭若市，好不热闹。现在，徐炎珍夫妇的儿子在新加坡开了一座东皇大酒楼，食客在此可以品尝到正宗的辣椒蟹。

　　除了东皇大酒楼，无招牌海鲜餐厅、珍宝海鲜楼以及长堤海鲜楼也都是新加坡著名的海鲜餐馆。这些餐馆售卖的辣椒蟹风味各异、各有千秋。

　　风靡亚洲的辣椒蟹被誉为"新加坡味觉签名"，是游客到"狮城"游玩必点的菜肴之一。它既可以作为高级海鲜餐厅的压轴菜肴，又可以在路边的小吃摊和大排档中见到，是新加坡最具代表性的美食佳肴。

欧洲篇
EUROPE

▲ 地中海风光

　　海洋是众多欧洲美食的食材宝库。诸多海鲜美食都历史悠久，或源于渔家菜肴，或扬名于探险家的航海历程。法国的马赛鱼汤、挪威的渍鲑鱼片、瑞典的鲱鱼罐头最初都出自渔民的巧手。而挪威的干鳕鱼、西班牙的海鲜饭则曾为航海家的远行提供食粮支撑。

　　自然，将烹饪视为艺术的欧洲美食家也不会辜负海洋的馈赠，他们将天才的创意应用于海鲜佳肴中，创造出独特的"混搭"。俄罗斯的鱼子酱煎饼、英国的炸鱼薯条、比利时的贻贝薯条都是食材碰撞造就的美食。

　　纵览欧洲美景，享受传统与创新结合的欧洲名肴，迷人的欧洲风情一定会让你流连忘返。

俄式奢品
——鱼子酱煎饼

鱼子酱煎饼外表朴实，但食材珍稀，制作工序繁复，因而身价不菲。沙俄时代至今，鱼子酱煎饼一直是俄罗斯人钟爱的美食。无论是街边小馆还是高级餐厅，都有它的一席之地。

香甜咸鲜　完美搭配

很早之前，美味的煎饼便在俄罗斯人的马斯勒尼沙节上占有一席之地。松软香甜的煎饼以荞麦粉或小麦粉加黄油、牛奶制成。在俄罗斯人的心目中，薄薄的金黄色圆形煎饼象征着太阳，人们通过欢享煎饼的美味寄托来年五谷丰登的期望。作为主食的煎饼可以与任意食材搭配，但最经典的当属与鱼子酱搭配。

鱼子酱在波斯语中是鱼卵的意思，分为红鱼子酱和黑鱼子酱。红鱼子酱是以鲑鱼卵制成，呈橘色。而在老饕的心目中，只有被誉为"海中黑珍珠"的鲟鱼的鱼卵制成的黑鱼子酱才是真正的鱼子酱。用来制成黑鱼子酱的鲟鱼主要是生活在俄罗斯以南及伊朗以北里海海域的 3 种鲟鱼——Beluga、Ossetra 和 Sevruga。其中，顶级的黑鱼子酱是用 Beluga 的卵制成，颗粒饱满圆润，色泽灰黑却清亮透明，泛有金色，因此被誉为"黑色的黄金"。

香甜的煎饼与咸鲜鱼子酱搭配在一起，佐以酸奶和莳萝便是一餐美味。轻咬一口，热气腾腾的煎饼包裹着微凉的鱼子酱。用舌尖轻压鱼子酱，弹性十足、满溢油脂的鱼卵在口中破裂，来自海洋的新鲜味道攻上味蕾。鱼子酱煎饼香醇甘美，饕客心甘情愿为之一掷千金，鱼子酱煎饼也被称为"薄饼界的贵族"。

▲ 鱼子酱煎饼

鱼子酱的品级

　　顶级鱼子酱：顶级的黑鱼子酱由 Beluga 鲟鱼的鱼卵制成。由于 Beluga 鲟鱼的渔获量极少，因而用它的卵所制成的鱼子酱十分珍贵。

　　中级鱼子酱：中级的黑鱼子酱由 Ossetra 鲟鱼的鱼卵制成。Ossetra 鲟鱼制成的鱼子酱具备独特的坚果般的风味。

　　普通鱼子酱：普通的黑鱼子酱由 Sevruga 鲟鱼的鱼卵制成。鱼子颗粒比较小，但仍然较为饱满。

▲ 黑鱼子酱

▲ 鲟鱼

工序繁复　口感饱满

　　鱼子酱煎饼价格昂贵，不仅是因为顶级鲟鱼卵产量较少，也是因为鱼子酱制作过程繁杂。新鲜鲟鱼卵是腥咸的，将鱼卵加工成鲜美的鱼子酱，需要娴熟的处理技巧。

　　制作鱼子酱的鲟鱼卵必须取自活体。因此，渔民在捕到鲟鱼后，要用木棒将鱼敲昏，并迅速在鱼腹上切口，取出卵巢，获取最新鲜的鱼卵。接下来，将鱼卵反复冲洗，涤净杂质，再根据鱼卵的大小、色泽、坚实程度、气味来评定鱼卵的等级，进行筛选。筛选后的鱼卵要进行加盐处理。加盐的工序极为讲究，这道工序决定着鱼子酱的口感。加盐量不能超过鱼卵重量的 4%，加盐时间不能超过 3 分钟，这样才能保证既不盖掉鱼卵的原味，又能使盐和鱼卵的滋味完美融合。最后，将鱼卵放在滤网上筛晃，直到鱼卵干后装罐。罐装的鱼子酱需要放入特制的冷柜中冷藏。鱼子酱制作的全部工序必须在 15 分钟内完成。如果用时过久，鱼卵便不再新鲜，味道也会大打折扣。

　　繁复的加工过程使鱼子酱颗粒饱满，将其放在俄式薄饼上便是一道美味的鱼子酱煎饼。把鱼子酱煎饼送入口中，鱼卵被舌头压碎时，迸发出的汁液赋予舌尖至尊的享受。

　　鱼子酱营养价值很高，所含的脂肪酸能有效地滋养皮肤，所含的 DHA 可以健脑益智。

▼ 俄罗斯圣彼得堡风光

▲ 鱼子酱煎饼

往昔皇室的奢侈美味

从前，鱼子酱煎饼是海边贫苦渔民用以果腹的食物。后来，营养丰富的鱼子酱煎饼逐渐得到皇室的青睐。

沙俄时代，圣彼得堡的烹饪技法就将乡间厨艺的朴实简洁与帝国的饕餮盛宴融为一体。沙皇喜欢食用看似简朴、实则珍贵的鱼子酱煎饼。据记载，罗曼诺夫家族是食用鱼子酱最多的皇族。当时，阿斯特拉汉和阿塞拜疆的渔民每年都要向沙皇进贡 1 吨顶级鱼子酱作为赋税。16 世纪，鱼子酱传入法国，成为路易十四和法国贵族餐桌上的佳肴，被法国贵族热捧为最好的"催情剂""保肝剂"和"解酒剂"。

现在，传统的鱼子酱煎饼已成为俄罗斯人最钟爱的美食，无论是在街边的小馆还是在奢华的高级餐厅，都有它的一席之地。如果去奢华的高级餐厅品尝鱼子酱煎饼，一定要配上一杯伏特加酒。被誉为"生命之水"的伏特加酒用谷物和泉水制成，酒劲很烈，其辛辣口感可以凸显鱼子酱的鲜美，使鱼子酱的油脂香味更加醇厚。

松露、鹅肝、鱼子酱并称为西餐世界的三大美味。以珍稀的鲟鱼卵为原料制成的鱼子酱煎饼，堪称"薄饼界的贵族"，展示着奢华滋味。

挪威渔产
—— 干鳕鱼

干鳕鱼制作方法简单、营养丰富且保质时间长，深得挪威人特别是贸易商人的喜爱。它曾是维京人遍历欧洲大陆的功臣，而今更是挪威的重要出口商品。在风景如画的挪威，街巷中有许多挂于木架上的干鳕鱼，飘散出阳光和海风的天然香气。

▲ 大西洋真鳕

纯正鳕鱼制便餐

享有"万岛之国"美誉的挪威拥有无数的海岛、幽静的峡湾、洁净的空气，每年都会吸引世界各地的游客到此游玩。除了世外桃源般美丽的自然环境外，挪威还拥有丰富的渔业资源，海域中分布有鳕鱼、三文鱼、鲭鱼、扇贝等海洋生物。

挪威是当今三大渔产品出口国之一，其中，鳕鱼占了出口渔产品的一大部分。几个世纪前，鳕鱼便因鲜嫩爽口的口感、丰富的营养受到人们的喜爱，成为早期的国际贸易货物。但是，人们常要为保存鳕鱼而苦恼。干鳕鱼的发明，不仅让鳕鱼得以保鲜、保质，还方便由贸易商人带到更远的地方。

现在市面上出售的干鳕鱼类型多样，有用大西洋真鳕、太平洋真鳕、黑线鳕、绿青鳕等制成的多种干鳕鱼。实际上，并不是所有名为"鳕"的鱼类都是真正的鳕鱼。严格来说，只有鳕科中的鳕属鱼类才能称为鳕鱼。

最优质的干鳕鱼是用北极鳕鱼制成的。北极鳕鱼是冷水鱼，适宜在水质清澈的冷水中生长。挪威海域水温较低，海水纯净，为北极鳕鱼的生长、繁殖提供了得天独厚的条件。

▲ 晾晒鳕鱼

　　干鳕鱼外表硬如石块，因而也被挪威人称为"石鱼"。虽然干鳕鱼看似坚硬、无味，实际上，干鳕鱼肉质紧实、口感鲜甜，保留了鳕鱼的鲜美。挪威当地居民用干净的布裹好干鳕鱼，拿一把铁锤将其砸碎，剔除鱼骨和鱼皮，就可以放心享用这道特色美食了。挪威人一般用干鳕鱼做餐前开胃菜。干鳕鱼也可以烹饪正餐，但需要放到水中浸泡 1 天左右，变得柔软后，才可以用作食材。

脱水浓缩营养

　　每年的 1～ 4 月是挪威重要的渔期，也是挪威北极鳕鱼的最佳捕捞时节。拂晓，渔民便会起航捕鱼，丰饶的鳕鱼资源使他们总会满载而归。

　　渔民在捕获鳕鱼后，立刻切除鳕鱼的头部，剖除内脏并将鱼身清洗干净。然后将两条鳕鱼的尾部捆绑在一起，悬挂在木架上，借助阳光和海风自然干燥。还有一部分渔民将鳕鱼从腹部剖开，沿鳕鱼的脊柱将鱼体切为两半，并剔除整根鱼骨，在巨大的岩石上风干。冬春之交的挪威气候寒冷而干燥，细菌不易滋生，小飞虫也不易落在晾干的鳕鱼上，是最适合晒制鳕鱼的时间。

　　晒制鳕鱼通常需要 3 个月左右的时间，渔民从木架上取下鳕鱼后，把它们放在通风、干燥的室内。3 个月后，鳕鱼体内大部分的水分都会流失。

　　鳕鱼虽然失去了体内的水分，但原有的营养成分基本保持。鳕鱼被挪威人誉为"白色黄金"，是极佳的蛋白质补给品。鳕鱼还含有镁元素、维生素 A 和维生素 D，营养丰富。

维京时代的功臣

在挪威北部，考古学家曾发现旧石器时代的岩石雕刻，上面有人类捕捞大比目鱼的场景。几个世纪之前的挪威，畜肉类食材极其昂贵，而且出于宗教等方面的原因，人们不常食用畜肉类，因而，当时充足的鳕鱼成为挪威人日常饮食的重要食材。后来，鳕鱼资源为维京人的海上探险作出了不可磨灭的贡献。

▲ 干鳕鱼

维京人是北欧海盗的代名词，这些大胡子海盗大多为挪威人、瑞典人或丹麦人。维京人以船头和船尾都雕有龙头的龙船出海远航，越过北大西洋，甚至涉足俄罗斯的内陆地区和部分北美地区。维京人解决了航海中的两大难题——坚不可摧的船只和便携、易保质的食物，因此能完成漫长的航程。据说，维京人携带的食物补给就是干鳕鱼。漫漫的航海行程中，他们捕获大西洋鳕鱼并将其晾晒成硬梆梆的干鳕鱼，这样不仅便于长期保存，还有益于身体健康。

随着时间的推移，鳕鱼作为一种文化印记开始进入文学作品。13 世纪的冰岛诗人史诺里·史特卢森的《冰岛英雄传奇》和挪威巴洛克时期的诗人彼得·达斯的《北地号角》中，都提到了鳕鱼。《北地号角》中，诗人盛赞鳕鱼对挪威渔业的巨大贡献，诗人写道："如果鳕鱼都令我们失望，那么，我们还有什么可以从此处运往卑尔根？"

时至今日，干鳕鱼依然是挪威最主要的出口商品，为当地的经济发展贡献可观。干鳕鱼也已成为挪威文化的一部分，如一扇窗口，向世界各地的人们展示着挪威的饮食风尚。

卑尔根佳肴
——渍鲑鱼片

渍鲑鱼片是挪威港口城市卑尔根的招牌美食，它起源于渔民埋海鱼于沙滩的储存方法。经过大厨的改进，它摇身一变，已然成为负有盛名的北欧佳肴。

▲ 渍鲑鱼片

肥美的海鱼佳肴

风景如画的港口城市卑尔根坐落在挪威西海岸的峡湾线上，城市最古老的码头边有热闹非凡的露天鱼市场。鱼市场起源于 20 世纪 70 年代，是卑尔根渔业的象征。经过近 50 年的发展，鱼市场的规模不断扩大，不仅成为购物胜地和美食天堂，还成为当地人重要的社交场所。嫩滑美味的渍鲑鱼片是鱼市场中最受食客欢迎的海味佳肴。

渍鲑鱼片是一道用大西洋鲑鱼、盐、糖和莳萝腌渍而成的北欧佳肴。大西洋鲑鱼的鱼体呈流线型，银灰色的体表有细小的鳞片和斑点。野生的大西洋鲑鱼主要分布在欧洲北部和北美地区，而人工养殖大西洋鲑鱼产量最大的国家则是挪威，也是大西洋鲑鱼人工养殖的创始国。而挪威的卑尔根更是具有得天独厚的养殖条件，因为大西洋鲑鱼是冷水鱼，如果环境温度超过 16℃，它们就会停止进食。中国人习惯将人工养殖的大西洋鲑鱼称为"挪威三文鱼"。

这道卑尔根的招牌菜一般是作为开胃菜上桌。渍鲑鱼片色彩绚丽，让食客不忍下箸。大西洋鲑鱼肉呈现鲜艳的橘红色，并且有清晰可见的白色纹理。慢慢下箸品尝，渍鲑鱼片口感滑嫩。大西洋鲑鱼肉质紧实而富有弹性，其厚厚的肌间脂肪层又为菜肴增加了肥美之味。食客再以酱油和芥末调味，咸鲜之气和辛辣之味冲击着味蕾。渍鲑鱼片还可以搭配黑麦面包、咸饼干食用，别有一番滋味。

环球海味之旅
GLOBAL SEAFOOD CUISINE

调味佳品 —— 莳萝

　　莳萝是一种形似茴香的植物，叶片为鲜绿色、呈羽毛状，结有黄色果实。莳萝原产于印度，后沿地中海传至欧洲各国。莳萝常被用作海鲜菜肴的调味香料，它的味道辛香扑鼻，略带甘甜之味，可以起到开胃的作用。食用莳萝可以增加肠胃蠕动次数，有助于缓解胃肠胀气，还有暖胃的功效。

"鱼中至尊"

　　美味的渍鲑鱼片对大西洋鲑鱼的新鲜程度要求很高。为了确保大西洋鲑鱼的新鲜，挪威人以最快的速度将捕捞上来的活鱼进行宰杀处理，并在极短的时间内，将其放置在 -18℃ ～ -35℃ 的冷冻箱中储存。

　　腌渍大西洋鲑鱼的过程并不复杂。首先，将大西洋鲑鱼去皮、剔骨，并将处理好的鱼肉清洗干净。接下来，将盐、糖、芥末等调味料涂在鱼肉上，并用切碎的莳萝铺满鱼肉表面。有的大厨还会在鱼肉中加入少量的白兰地和杜松子酒调味。之后，将涂满调味料的鱼肉完全密封，放入保鲜柜中让其腌制 4 ～ 5 小时再取出。最后，将鱼肉片成薄片状即可上桌食用。

　　制作渍鲑鱼片用的大西洋鲑鱼，享有"鱼中至尊"的美誉，它肉质鲜美且少刺，并且有高蛋白、低热量的特点，特别适合老年人食用。

▼ 卑尔根街景

▲ 捕捞鲑鱼图

▲ 大西洋鲑鱼

独特海味　渔民腌渍

　　渍鲑鱼片的英文名称为"gravadlax"。"grav"代表"grave"，意为"坟墓"，而传统的渍鲑鱼片正是将鲑鱼"埋葬"在沙滩之中使其充分发酵制成的。相传，渍鲑鱼片是由卑尔根的渔民发明的。他们把刚从海水中捕捞上来的新鲜鲑鱼涂上盐，埋在沙滩中，过一段时间后再将其挖出。他们发现这样不仅能存储食物，而且腌渍后的鲑鱼别具风味。

　　独具特色的卑尔根渍鲑鱼片引来食客争相品尝，既能饱览卑尔根的秀丽美景，又能品尝佳肴的餐厅一直都是座无虚席。大厨将传统烹制方法加以改进，将大西洋鲑鱼腌渍在白兰地酒中，使渍鲑鱼片的口感更加清爽。

　　来到美丽的卑尔根，除了品尝顶级的渍鲑鱼片，还可以了解卑尔根悠久的历史文化，毕竟，它被称为"欧洲文化之都"。

▼ 渍鲑鱼片

▲ 瑞典斯德哥尔摩

瑞典臭食
—— 鲱鱼罐头

鲱鱼罐头是瑞典的传统美食，奇臭无比，却软嫩咸鲜。虽然这道美食被称为"食物界的生化武器"，令众多食客望而生畏，但鲱鱼罐头丰富的营养及历史内蕴使它受到了瑞典人的热捧。

"臭名昭著"的瑞典美食

2016 年夏季，随着网络上投票评选"最难喝的饮品"的热潮，网民也开始评选"最令人难以忍受的食品"。瑞典的鲱鱼罐头因其令人难以忍受的臭味击败螺蛳粉、榴莲、臭豆腐等"臭名昭著"的食物，被网民评为"食物界的生化武器"。

鲱鱼罐头，俗名臭青鱼。在瑞典，鲱鱼罐头被称为"surströmming"，"sur"的意思是"酸的"，"strömming"的意思是"波罗的海鲱鱼"。从这个名字可以看出：鲱鱼罐头是用波罗的海的鲱鱼加工而成的一种气味恶臭、略带酸味的罐装食品。

瑞典东临波罗的海，西南濒北海，广阔的海洋为其提供了得天独厚的鱼类资源。每年 4 ~ 6 月，鲱鱼进入产卵期，渔民可以打捞到数量颇丰的鲱鱼。头小体长的鲱鱼体内含有大量脂肪，有很高的营养价值。

鲱鱼罐头的正确打开方式

经验丰富的食客会先将鲱鱼罐头放入冰箱冷藏，再放入水中打开。由于发酵产生的气体使罐头内的气压升高，如果在室温下打开，罐头很有可能会喷溅出黏稠的液体，而冷藏会降低罐内气压，有效防止汁液喷溅。放入水中打开鲱鱼罐头则可以防止恶臭气味向外散播。

▲ 鲱鱼罐头

▲ 瑞典斯德哥尔摩风光

鲱鱼罐头最大的特点是其有刺鼻、难以消散的臭味。这股臭味源于鲱鱼发酵时产生的一种名为"Haloanaerobium"的厌氧细菌。据相关数据显示，鲱鱼罐头的臭味相当于纳豆的 300 倍，瑞典政府甚至规定居民不得在住宅区内开启鲱鱼罐头。

▲ 享用鲱鱼罐头

发酵后的鲱鱼黏稠多汁，鲱鱼淡淡的灰色表皮带一丝粉红。如果你鼓起勇气品尝一口，会发现发酵后的鲱鱼软嫩易碎，虽然恶臭的气味中夹杂着咸腥味和酸味，却又有一股浓郁、醇厚的鲜味。

瑞典人的传统食用方法是：将罐头中的鲱鱼弄碎，拌上番茄片、熟土豆片、洋葱丝，搭配蘸有酸奶油或黄油的薄饼食用。

制作简易营养佳

鲱鱼罐头的制作过程十分简单，据说，鲱鱼罐头的制作工艺已经延续了近 300 年。为了确保鲱鱼不会在自然发酵的过程中腐坏变质，制作者会将新鲜的鲱鱼剖腹取出鱼子或鱼白，再将鱼体和鱼子或鱼白分别放入浓盐水中以小火烹煮。制作者将处理好的鱼体和鱼子或鱼白装入罐中使其自然发酵。三四个月之后，鲱鱼发酵产生的气体会使罐头膨胀。这时，鲱鱼已经完全腌好，可以供食客享用了。

鲱鱼发酵后虽然奇臭无比，但营养丰富，可以补虚利尿，享有"营养保健鱼"的美誉。

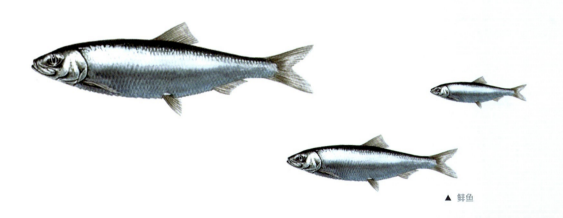

▲ 鲱鱼

罐头见证贫困生活

现在，许多食客出于好奇品尝鲱鱼罐头，它的价格也水涨船高，但它却是源于瑞典人民曾经贫困的生活。

中世纪的瑞典渔民生活艰苦，食盐资源匮乏，他们将食盐视为珍宝。为了节省食盐，渔民开始制作以自然发酵为主的鲱鱼罐头。这种方法只需加入少许的盐便可使鲱鱼产生咸鲜的口感。但是，当时的瑞典渔民没有储存食物的良好条件，发酵的鲱鱼很容易变质腐坏，发出异味。由于食物短缺，瑞典渔民舍不得扔掉已有异味的食物，便用发臭的鲱鱼佐食土豆等清淡的食物，久而久之，就慢慢适应了这种带有异味的食物。现在，瑞典人对鲱鱼罐头的制作工艺进行了革新，鲱鱼因提前烹煮过，不再容易腐坏。

每逢炎炎夏日，瑞典国内都会销售上百万罐的鲱鱼罐头，热情的瑞典人也会推荐异国的友人品尝这道别有风味的传统美食。每年八月的第三个星期四，瑞典人还会专门举办品尝鲱鱼的派对，在虫鸣声声的夏夜品尝一道道鲱鱼美味。其中，臭气扑鼻的鲱鱼罐头是一大亮点。瑞典人以薄饼佐食鲱鱼，大口吞咽并饮酒欢歌，畅快淋漓。

英式混搭
—— 炸鱼薯条

　　炸鱼薯条味美可口、做法简单，历经百年而不衰。它植根于英国人民的生活中，是不折不扣的英国"国粹"美味。

美味小吃　大名鼎鼎

　　2012 年，英国举办了一次"你认为什么最能代表英国"的投票。结果，炸鱼薯条击败英国女王、莎士比亚、白金汉宫、披头士乐队和英式下午茶，荣誉当选。

　　大名鼎鼎的炸鱼薯条是英国最盛行的外带小吃。在英国的大街小巷，随处可见炸鱼薯条的身影。商家将热气腾腾的炸鳕鱼和炸粗薯条装在纸盒中卖给食客。起初，商家会选用当天的《泰晤士报》包裹炸鱼薯条，让食客在品尝美食的同时，还可以阅读当天的时事讯息。后来，政府基于卫生考虑，禁止商家以油墨报纸包裹食物。如今，商家一般是用干净的纸盒盛装美味可口的炸鱼薯条。

　　食客手捧盛满炸鱼薯条的纸盒，边走边吃，还会根据自己的口味添加调味料。按照传统的炸鱼薯条的食用方法，只需要在其上撒上盐和麦芽醋即可。麦芽醋能渗入热气腾腾的薯条之中，让薯条溢出酸香的味道。塔塔酱和豌豆糊也是常用的配料。尝一口新鲜出炉的炸鱼薯条，只觉着薯条外酥里嫩、香气诱人，炸鱼风味清爽、肉质鲜美。

　　方便快捷的炸鱼薯条既可作为餐前零食，亦可作为一餐佳肴享用。而今，炸鱼薯条在英国已成为一道老少皆宜的美食，也是多位英国首相挚爱的美味。英国政府还常以这道美味款待来访的外国领导人。

▲ 英国伦敦风光   85

煎炸美食　做法简单

　　尽管作为平民美食的炸鱼薯条做法简单，但是，一道可口的炸鱼薯条还需要大厨精选食材和悉心烹制。

　　优质的大西洋真鳕是最受推崇的食材。大西洋真鳕因其肉质雪白细腻、口感肥美紧实，深受人们喜爱，成为全世界年捕捞量最大的鱼类之一。但由于过度捕捞，大西洋真鳕已被列为"世界自然保护联盟"的易危物种。近些年，大厨多选用黑线鳕作为炸鱼薯条的主要食材。黑线鳕虽然也属于鳕科鱼类，但不是真鳕，身侧黑色的侧线及明显的暗斑是其重要标志。

　　烹制炸鱼薯条的步骤并不复杂。首先，将新鲜的鳕鱼去除鱼皮和内脏。之后，用一把尖锐的剔骨刀从头部切入，沿着鱼骨向鱼尾部横切过去，再使用尖嘴钳剔除鱼骨。接下来，将剔除鱼骨的鳕鱼片成鱼柳备用。

　　然后，将鱼柳放入浓稠的面糊中，让鱼柳沾满面糊。面糊是炸鱼薯条外酥里嫩的关键。面糊的配方是每个餐厅的机密。有经验的厨师会在蛋液、牛油、面粉混合而成的面糊中添加小苏打、麦芽酒等，使其在煎炸过程中产生丰富的气泡，使面糊变得更加松软。

▲ 炸鱼薯条流动摊位

之后，在锅中倒入牛脂或油，待油温升至 180℃左右时，将鱼慢慢地放入锅中。三四分钟后，鱼会浮至油层表面，用漏勺为鱼翻身，继续烹炸三四分钟，待鱼两面金黄时即可出锅。在炸鳕鱼的同时，可以取另一油锅炸薯条。

烹饪时所用的油也是决定炸鱼薯条口感的重要因素。英国北部地区会用牛脂烹饪炸鱼薯条，使其味道更加浓郁；而英国南部地区会用植物油烹饪，因此味道相对清淡。有的顶级餐厅也会使用传统的牛油或猪油烹饪炸鱼薯条，以追求最正宗的口感。英国人崇尚食材的原始风味，英式薯条有土豆的清香和软糯的口感。

油炸食品给人们的印象往往是不健康的。其实，一份炸鱼薯条的热量并非高得离谱，而且鳕鱼的脂肪含量很低，因此，只要适量食用，并无不可。何况鳕鱼还富含多种营养成分，被誉为"餐桌上的营养师"。

▲ 炸鱼薯条

舶来餐饮造就"国粹"

声名远播的英国"国粹"——炸鱼薯条在作为"黄金搭档"出现之前,售卖炸鳕鱼和炸薯条的店铺早已布满大街小巷,而且两者可能都是舶来品。

炸鳕鱼是 17 世纪时由来自西欧的犹太移民带到伦敦的。炸薯条则是源自"薯条王国"比利时的美食,它进入英国市场的时间比炸鱼稍晚一些。还有一部分人认为炸薯条首先是英国北部的磨坊工人用兰开夏郡种植的土豆制作的。

19 世纪 60 年代,英国伦敦一位名为约瑟夫·马林的商人将炸鱼与薯条搭配在一起售卖给当地民众食用。随着工业革命的推进,蒸汽火车可以将新鲜的海鱼运送到英国的非沿海地区,炸鱼薯条随之风靡整个英国。作为一道物美价廉的平民餐饭,炸鱼薯条成为工人阶层的最爱。第二次世界大战期间,英国实行食品配给制,但炸鱼薯条却是不受限量的食品之一,由此成为那段艰苦岁月里英国人共同的记忆。

如今,炸鱼薯条已经成为英国的一大标志,英国人每年都要消费超过 3 亿份炸鱼薯条。英国还专门设立了权威的"国家炸鱼薯条奖",每年 1 月进行评选,评判标准包括炸鱼薯条的口味、店铺卫生、商家演讲、顾客投票结果等。每年的"国家炸鱼薯条奖"的评选都会引起英国人民的关注,堪称行业盛事。

享受炸鱼薯条的同时,不妨到英国的海滩上漫步,比如海滨小镇惠特比。美味配上美景,英国风情越发浓郁迷人。

◀ 炸鱼薯条

比利时"国菜"
——贻贝薯条

创意独特的贻贝薯条是比利时人最引以为傲的"国菜"。新鲜顶级的食材和提鲜增香的白酒是其美味秘诀，独特的食材搭配和食用方式造就了这道佳肴。一份贻贝薯条一如比利时，独具风味。

贻贝 ▲

▲ 薯条

美味搭配 相得益彰

"漫画王国"比利时不仅诞生了丁丁和蓝精灵等动漫人物，还诞生了许多独具特色的美食，如丝滑的巧克力、松软的华夫饼等。它们吸引着世界各地的游客，比利时也因此被誉为"美食王国"。而"美食王国"的"国菜"则是著名的贻贝薯条（Moules-frites）。

如果你在盛夏时节去比利时的海边游玩，会看到许多采贝人拿着特制的钩子撬取附着在礁石上的黑褐色贻贝。以新鲜贻贝烹饪出的菜肴鲜美可口、海味十足。

香脆金黄的炸薯条一直是比利时人引以为傲的国民小吃。他们挑选优质品种的马铃薯切成条，油炸两次，做成炸薯条。炸薯条酥脆可口，深受食客喜爱。

贻贝和薯条的奇特组合带给食客别样的体验。新鲜出锅的贻贝薯条，由餐厅服务生盛放于大铁焙盘中端上桌。食客会先品尝一颗较小的贻贝，再以这颗贻贝的壳夹取剩下的贻贝的肉。吃完海味浓郁的贻贝，再用大铁焙盘中余下的汤汁佐食香脆的炸薯条。酥脆的炸薯条充分吸收鲜汤的滋味，也沾染了几分海味。

▲ 白酒煮贻贝

酒香佳肴　营养丰富

比利时大厨采用最传统的白酒煮贻贝的方式烹饪贻贝。先将贻贝洗净，加入欧芹、洋葱等蔬菜搅拌均匀，再以百里香、月桂叶、盐等调味料提鲜、增香。接下来，在锅中倒入适量白葡萄酒，将备好的食材放入锅中煮。白葡萄酒使贻贝一展其鲜，欧芹、洋葱等配菜也在其催化下散发出蔬菜的香气，整道菜肴又增添了浓郁的酒香，可谓一举多得。

相较于贻贝这种简单的烹饪方式，薯条的烹饪则考验大厨的功力。享有"薯条之王"美誉的比利时薯条味美酥脆。制作薯条时，比利时大厨选料严苛，必须选用最优质的马铃薯和纯正的牛油。选定之后，将土豆切成手指般粗细的条块，然后进行两次烹炸。第一次将薯条炸至泛白后冷却放置，待一段时间后，再次煎炸薯条至金黄香脆即可出锅。贻贝薯条全部完成之后，将贻贝盛放在大铁焙盘里，配上等量的薯条，即可端上餐桌。西餐中有一个惯例，最适宜佐食菜肴的餐酒便是先前用来烹调菜肴的酒。而比利时人却推崇以独具民族特色的比利时啤酒作为搭配贻贝薯条的餐酒。清爽的啤酒与香醇的贻贝薯条搭配在一起，浓浓的"比利时风味"呼之欲出。

贻贝中含有大量的蛋白质和多种人体必需的微量元素，还富含多种人体必需的氨基酸和脂肪酸；马铃薯含有丰富的维生素和无机盐，对人体健康颇有裨益。

▲《贻贝锅》

贻贝薯条　独具魅力

近几十年来，比利时凭借其种类繁多的美食吸引着世界各地的游客。贻贝薯条这道简单的美味一般只在小餐馆中售卖，但这并不影响它在比利时人心目中的地位。

贻贝令无数艺术家为之痴迷。比利时艺术家马塞尔·布达埃尔的艺术作品《贻贝锅》形象地展示了贻贝之丰盛。

谈及薯条，人们最先想到的一般会是"法式炸薯条"。但大名鼎鼎的"薯条王国"比利时则坚称薯条的发明权属于热爱马铃薯的比利时人。比利时人认为薯条是由比利时南部的居民发明的。17 世纪，比利时南部的河水在冬天结冰，居民不能捕食鱼类，只好用做成小鱼形状的炸马铃薯替代，结果发现马铃薯经过油炸后格外香甜，这道美味于是在比利时流传开来。第一次世界大战期间，英、美两国士兵品尝到了简易的炸薯条，当时的比利时军队使用法语，英、美士兵便将比利时薯条误称为"法式炸薯条"。2013 年，比利时油炸食品业者联盟要求比利时文化部向联合国教科文组织申请将薯条列为非物质文化遗产。

如果你到风景如画的比利时游玩，不妨到传统餐馆中品尝一下比利时的"国菜"——贻贝薯条，尽情享受来自比利时人的创意和热情吧！

地中海名肴
——马赛鱼汤

马赛鱼汤以料丰鱼鲜、食法独特在法国菜肴中独具风格。地中海的海鱼是马赛鱼汤的"灵魂",而新鲜是马赛鱼汤美味的必备因素。一份馥郁的马赛鱼汤满溢海洋气息,为人们带来浓浓的地中海风情。

鱼汤鱼料"两步走"

马赛濒临地中海,有法国最大的海港。这座因港而兴的城市渔业资源丰富,海味美食众多,被誉为"法国最经典的美食城市"。而在不计其数的海味佳肴中,马赛鱼汤尤为有名。

炎炎夏日,正值法国的旅游旺季,为了让远道而来的食客品尝到正宗的马赛鱼汤,餐馆老板清晨便到鱼市购买新鲜的海鱼。马赛地区的鱼市保留着"深夜打鱼,黎明贩卖"的传统。东方欲晓之际,马赛旧港码头的鱼市人声鼎沸,叫卖声此起彼伏,餐馆老板竞相购买生猛鲜活的优质海鱼。

品尝马赛鱼汤分为品尝鱼汤和品尝海鱼两个环节。鱼汤上桌后,食客不能直接饮用鱼汤,而应该先在焦脆的油煎面包片上抹上蒜蓉,或直接把大蒜在它粗硬的表面上来回摩擦成蒜蓉,然后在面包片上抹上由蛋黄酱、番红花、奶酪丝等食材制成的酱料,再将面包片放入马赛鱼汤中浸泡或蘸食。

澄黄诱人的马赛鱼汤融汇海鲜精华,洋溢着浓郁的海味。轻咬一口面包片,海鱼的鲜味伴着面包香充盈在口中,独具风味的蒜蓉和酱汁让食客的味蕾大为满足。

食客大快朵颐之际,煮制马赛鱼汤所用的海鱼也会被端上餐桌,为其开启另一场味觉盛宴。烹煮之前,餐厅的服务人员会向顾客展示所用海鱼,顾客认定其质量后,大厨才开始装盘。海鱼的种类会根据地域、时节有所差异。

▲ 马赛鱼汤

▲ 法国马赛码头鱼市

鲜美鱼汤　食材丰盈

马赛鱼汤的亮点在于它含有丰富的海鱼。马赛有一份官方的《马赛鱼汤指南》，传统的马赛鱼汤以岩鱼烹制汤底，用海鲂、蝎子鱼、鲅鳅和海鳗作为主要食材，它们的口感和营养成分各不相同。

海鲂富含蛋白质，对人体生长发育有显著的促进作用。蝎子鱼对筋骨痛有很好的疗效，还有温中补虚的功效。鲅鳅肉质紧实，弹性十足，含有大量的维生素 A 和维生素 C。海鳗肉质肥厚、较有弹性，其体内含有珍稀的西河洛克蛋白，具有壮阳强精的功效。

除此之外，大厨还会根据自己的喜好，结合地域、时令的变化增添多种海味。传统的马赛鱼汤中不含带壳的海鲜。但有的商家也会打破传统，在马赛鱼汤中加入贻贝、螃蟹等一同熬煮，让马赛鱼汤更添一份独特风味。

马赛鱼汤用料复杂，制作过程也不简单。首先，大厨需要将鱼骨和西芹、韭葱、百里香、红花粉等熬成高汤备用。然后，在炒锅中倒入橄榄油，放入洋葱、大蒜、番茄，再加入橙皮丁、月桂叶，倒入高汤烹煮 15 分钟后，过滤掉橙皮丁和月桂叶。接下来，再将已经处理好的海鲜放在汤中烩煮。食料丰盛的马赛鱼汤味道鲜美，营养丰富，深受食客喜爱。

▼ 岩鱼

◀ 海鲂

国际名肴　源自渔家

　　经久不衰的马赛鱼汤最初是平民百姓随意炖煮而成的海鲜美味。许久之前，马赛的渔民出海捕鱼，经常会有卖不完的海鲜，聪明的渔民妻子就将剩余的海鲜加入番茄和各种香料等熬煮成大锅鱼汤用以果腹。海味浓郁的鱼汤味道鲜美、营养丰富，渔民竞相传颂，马赛鱼汤逐渐成名。

　　建于公元前 6 世纪的马赛城与伦敦和利物浦同为全球最重要的贸易枢纽。随着各国之间的贸易往来日渐频繁，起源于马赛港的马赛鱼汤逐渐普及到整个普罗旺斯地区。后来，大厨对其配料组成和烹饪方法做了改进，马赛鱼汤进入国际著名美食之列。英国作家 J. K. 罗琳在她风靡全球的《哈利波特》中也提到了马赛鱼汤，它是霍格华兹魔法学院用来招待客人的佳肴。

　　正宗的马赛鱼汤丝滑、馥郁，令地中海一带的渔民无比自豪。在地中海地区流传着一句俗语："除了在地中海地区可以喝到口味纯正的马赛鱼汤，其他地方的马赛鱼汤都不够货真价实。"这句俗语虽然有些夸大，但也有一定的道理。地中海盛产的海鱼是马赛鱼汤的"灵魂"，在地中海以外的其他地区，各家餐厅只能用进口或相似的海鲜烹制马赛鱼汤，口感自然略逊一筹。

　　如果去马赛这座法国最古老的城市游玩，不妨到当地的餐厅点一份马赛鱼汤。品一口浓香的鱼汤，感受地中海午后灿烂的阳光，点点滴滴的时光美好而静谧。

▲ 经典马赛鱼汤的鱼和汤分别盛放

▲ 蝎子鱼　　　　　　　　▲ 鮟鱇

海鳗 ▶

▲ 法国尼斯海滨风光

法式"补品"
——法国生蚝

大名鼎鼎的法国餐饮以海鲜为最，生蚝则是法国美食的头等珍馐。法国生蚝最受推崇的是生食，因为这样能最大限度地保留生蚝的营养价值，若辅以口感清爽的白葡萄酒，生蚝的口感会更加醇美。

▲ 贝隆生蚝

海洋味道 备受喜爱

法国作家莫泊桑在《漂亮朋友》中对一种"既肥又嫩，像是有意放进蚌壳中的一块块嫩肉"的海洋美食极尽赞美。它鲜嫩爽滑的口感令莫泊桑啧啧称奇，赞叹这种美食"一到嘴里就化了，同略带咸味的糖块一样"。这种海洋美食便是生蚝。

生蚝，又称牡蛎，属于固着型贝类。优质的生蚝产于无污染的海域。法国拥有绵长的海岸线和天然、无污染的生蚝苗床，是全世界规模最大的生蚝产区。

法国生蚝品种多样，口感也各具特色。令世界大多数饕客无比推崇的两种法国生蚝是贝隆生蚝和吉拉多生蚝。

大名鼎鼎的贝隆生蚝产于咸淡水交汇处的法国贝隆河口，呈扁平状，因其形状又被称为"马蹄蚝"。贝隆生蚝的成长期是其他生蚝的两倍，养殖时间3～5年的贝隆扁型蚝口感最佳，它的壳上有状似年轮的圈，每两圈代表1岁，通过圈数可以看出生蚝的养殖时间。蚝农先将蚝苗在深海中饲养3年，再将幼蚝移到贝隆河口养殖。这样复杂的养殖工序可以让生蚝吸收丰富的矿物质。但是，繁复的养殖工艺也会使生蚝遭到耗损。尤其是贝隆生蚝，它的生命力比一般的生蚝脆弱，对水质要求极高，更换养殖环境会使其数量损耗近一半。贝隆生蚝养殖工艺复杂，产量较低，又含有较高的营养价值，被誉为"蚝中极品"。

环球海味之旅
GLOBAL SEAFOOD CUISINE

吉拉多生蚝也广受食客欢迎，据说，每只吉拉多生蚝都得至少经过4年时间才能上市。它的口感爽脆并有特殊香气，回味甘甜。

法国生蚝被誉为"全世界老饕的梦幻美食"。初次品尝法国生蚝的食客可能会觉得它的味道过于腥咸，但老饕特别喜欢细细品尝生蚝的海味。

▲ 法国生蚝

"海中牛奶" 滋味天然

一种天然的食材，经过不同的方式烹调会千变万化。以清蒸、煎炸、煮汤等烹饪方式烹调生蚝，准备一场生蚝宴，会迸发出多种滋味。

法国人品尝生蚝崇尚原汁原味。生食生蚝品到的是味蕾与自然的碰撞，这也对生蚝的新鲜度提出了很高的要求。法国人一般用柠檬汁测试生蚝的新鲜程度。打开蚝壳后在蚝肉上淋几滴柠檬汁，如果蚝肉明显紧缩，表示它十分新鲜，否则就是新鲜度欠佳。新鲜度欠佳的生蚝只能铺上蒜蓉上烤架烤制。而新鲜的生蚝，不需要添加任何调料，便可端上餐桌放心享用。有的餐厅会提供装有洋葱红酒醋、柠檬汁和塔巴斯哥辣椒酱的调料碟供食客调味。但最讲究的食用方法据说是在生蚝肉上撒几粒盐之花，直接把蚝肉和壳里的水一起滑到嘴里。

品质上乘的法国生蚝搭配口感清爽的白葡萄酒，便是一餐精致、尊贵的法国料理。白葡萄酒口味清淡、香气纯粹，有天然的水果香气，能有效中和法国生蚝的腥味。

"新娘之盐"——盐之花

盐之花是法式顶级料理的必备调料。它产自布列塔尼南岸的给宏德盐田区，有类似紫罗兰花的香气，可以使食材的天然味道充分显露出来。从前，通常都是由未出嫁的少女去采集盐之花。因其产量少，所含微量元素多，因此价格昂贵。不少盐农都用卖盐之花的钱为女儿购置嫁妆，因此，盐之花又被称为"新娘之盐"。

法国生蚝的魅力不仅在于它是一道诱人的美食，还在于它是优质的补品。生蚝享有"海洋牛奶"的美称，是补钙的绝佳食品；它的铁含量也非常丰富。特别值得一提的是，生蚝的锌含量极高，而锌能够促进睾酮的释放，补肾壮阳。

豪华美食　历史悠久

据史料记载，公元前人们就已经食用生蚝。后来，法国生蚝成为皇室和政界要人餐桌上的美味。法国波旁王朝的国王路易十四几乎餐餐不离法国生蚝，尤其喜欢贝隆生蚝。拿破仑一世在征战中经常食用新鲜的法国生蚝以保持体力和旺盛的战斗力。美国前总统艾森豪威尔也非常喜爱法国生蚝，还研究出了一份烹制法国生蚝的食谱。

现在，法国生蚝已经在平民餐桌上占有一席之地。它是很好的生食贝类，但也需要有良好的卫生条件作为保障，否则不洁的生蚝生食后会引起腹痛等一系列食物中毒症状。法国执行严格的食品卫生管理制度，很少出现因食生蚝而不适的病例。

法国西北部的康卡勒被誉为法国生蚝之都，每年都有络绎不绝的游客到那里品尝新鲜的法国生蚝。在大西洋微咸的海风中，品尝充满海洋味道的美味珍馐，实乃人生一大乐事。

▲ 法国生蚝

舌尖上的弗拉明戈
—— 西班牙海鲜饭

　　闻名世界的西班牙海鲜饭融合了地中海烹饪的精华，是西班牙饮食贡献给世界的瑰宝。考究的食材使得西班牙海鲜饭美味诱人又营养十足，而其有趣的传说则为西班牙海鲜饭增添了几分神秘色彩。色香味美的西班牙海鲜饭宛如舌尖上的一支弗拉明戈，为我们带来盛夏的地中海气息。

色香味美海鲜饭

　　"住在法国，行在美国，吃在西班牙。"美食是西班牙的一大金字招牌，其中在全世界老饕心中占据最重要位置的美食非西班牙海鲜饭莫属。鼎鼎大名的西班牙海鲜饭与法国蜗牛、意大利面并称为西餐三大美食。不仅如此，西班牙海鲜饭还是西班牙的"国饭"，上至王宫宴席、高档酒店，下至平民餐厅、街头小吃店铺，都能见到它的身影。

　　"靠海吃海"，西班牙濒临地中海，优越的地理环境为其提供了极为丰富的生猛海鲜。鲜虾、鱿鱼、蛤蜊……爽嫩可口的新鲜海味汇入米饭之中，海鲜的鲜香与米饭的香气融为一体，一匙入口，浓郁的海洋味道攻上味蕾，米饭嚼劲十足。仔细品味，西班牙海鲜饭中香料的清香更是让人迷醉。西班牙海鲜饭颜色鲜亮，因添加了番红花调味料而呈现出诱人的金黄色。

"红色金子"——番红花调味料

　　番红花原产于西班牙，在伊朗、沙特等国家也有悠久的栽培历史。后来，番红花由地中海沿岸经印度传入西藏，从西藏转运至内地，又得"藏红花"一名。番红花调味料需要人工采集番红花花蕊制成，因而价格昂贵，有"红色金子"之称。

环球海味之旅
GLOBAL SEAFOOD CUISINE

越天然，越健康

　　西班牙人常说："一个好厨师应该知道，烹饪正统西班牙料理的秘诀就是尽量保留食材本身的味道。"海鲜饭的烹饪方法遵循了西班牙料理的原则 —— 天然。

　　吃过西班牙海鲜饭的人可能都会对半生半熟的米饭印象深刻。西班牙海鲜饭中的米饭软中带脆的嚼劲是它的一大特点，也是判断一道西班牙海鲜饭是否正宗的重要标准。西班牙海鲜饭用的是当地大米，粒圆、个大、能吸汁。同时，主厨需要有一定的功夫，能够掌握煮米饭的准确时间和火候，保证米粒外软内实。西班牙人认为这样可以保留生米的原始味道，也可以尝到海鲜汤汁的味道。如果米饭全熟，海鲜会因烧制时间过长而失去鲜美的口感。因此，老饕是不吃米饭熟透的西班牙海鲜饭的。

▲ 西班牙海鲜饭

　　美味可口的西班牙海鲜饭，当地称为"Paella"，在当地语言中这个词原本是"锅"的意思，可见特殊的炊具在料理美味的西班牙海鲜饭的过程中至关重要。料理西班牙海鲜饭使用的平底铁锅底厚、身浅、两侧有耳，能让所煮的食物受热均匀，充分释放食物的精华。主厨会用鱼、虾、蟹以及事先泡好的番红花花蕾熬成一锅浓郁的底汤，把大米用橄榄油炒至金黄，然后按米饭的生熟程度，分次添入底汤，让底汤一次次浸透米粒，逐渐变得金黄饱满。待米饭煮至恰当之时，将海鲜下锅一同焖煮，烧到汤汁基本收干。此时，海鲜处于最佳的食用状态，米粒刚好是半熟。然后再将焖煮好的西班牙海鲜饭放入150℃的烤箱中烤5分钟，让米饭更充分地吸收海鲜的鲜味。当香气四溢的西班牙海鲜饭摆放在食客面前的时候，虽未入口，却早已令人垂涎三尺。

　　地中海菜被称为"地球上最健康的饮食搭配"。西班牙人在追求馥郁鲜香口味的同时，也追求天然、健康的饮食哲学。西班牙海鲜饭的口感和营养价值相得益彰。鱿鱼中富含铁元素，对治疗贫血有一定效果；其中的钙、磷和蛋白质，有利于骨骼发育；其中的大量牛磺酸，可降低血液中的胆固醇含量。蛤蜊高蛋白、高钙、高铁、低热量。番红花有活血化瘀、解郁安神的功效。制作过程中所使用的橄榄油被誉为"液体黄金"，能降低血脂，并富含维生素，具有天然的保健作用。

▲ 西班牙海岸风光　　105

海鲜饭的文化密码

西班牙海鲜饭最初起源于 13 世纪的瓦伦西亚地区。当时，渔民在出海时受到烹饪条件的限制，常把捕捞到的各种海产与米饭放在一起简单焖制。这道简单的料理省时省力，色、香、味俱佳，于是渔民在自己家里也开始这样做饭。他们将当日卖不完的海鲜添加米饭、肉类和蔬菜，配以不同风味的调料加工成一锅包罗万象的米饭料理。这种菜肉焖饭就是西班牙海鲜饭的雏形。

及至后来，西班牙海鲜饭发展为西班牙的"国饭"，则与哥伦布有密不可分的关系。相传，哥伦布航海时曾有一次遇到飓风突袭，他同暴风雨搏斗了四天四夜，不得已弃船逃生，来到西班牙一个叫穆尔佳迪的小岛上。当地渔民热情邀请他吃海鲜饭。几天的奔波耗尽体力，又累又饿的哥伦布认为这道海鲜饭是他一生中最美妙、最丰盛的一顿饭。由于这顿饭救了哥伦布的命，当地人至今还把海鲜饭称为"救命饭"。后来，哥伦布在西班牙国王为他举行的盛大宴会上将自己在小岛上乐享美食的传奇经历告诉了国王。国王当即下令嘉奖小岛上的渔民，并命令宫廷御厨向岛上的居民学习制作海鲜饭。自此，西班牙王宫就用西班牙海鲜饭招待最尊贵的客人。就这样，西班牙海鲜饭从平民的餐桌搬到了国王的盛宴上，成了西班牙的"国饭"。

　　几百年来，来自民间的西班牙海鲜饭在厨师手中不断创新，在选料和在烹饪手段上不断改进，衍生出原味海鲜饭、鸡肉海鲜饭、兔肉海鲜饭、墨鱼汁海鲜饭等不同风味的海鲜饭。西班牙首都马德里至今仍保持一种风俗，每周四家庭团聚，在一起吃一顿西班牙海鲜饭，一家人享受其乐融融的温情氛围。如今，西班牙海鲜饭已有向快餐发展的趋势，马德里许多街头小吃店将西班牙海鲜饭裹在玉米饼里，价格低廉却不失美味。

　　西班牙人的"慢生活"文化别具情调。他们一天要吃五顿饭，每天下午的两点到四点是他们固定的休息时间。由于午休时间充足，西班牙人丰盛的午饭一般会包含前菜、主食和餐后酒。他们以清香的橄榄油开胃菜开启午间盛宴。前菜上桌，无论是汤还是沙拉，都要一一细品慢酌。西班牙人一般以西班牙海鲜饭抑或是以烤羊肉、烤牛肉作为主食满足自己的味蕾。饭后来一杯被莎士比亚称作"装在瓶子里的西班牙阳光"的雪利酒，满溢麦草香气的酒让食客唇齿留香。

　　沐浴着和煦的阳光，听一曲浪漫的吉他民谣，赏一支奔放的弗拉明戈舞蹈，品一份热气腾腾的西班牙海鲜饭，从味蕾到心灵，都会全面放松。

海味荟萃
—— 海鲜锅

西班牙有味美丰盛的海鲜饭，而葡萄牙则有各色海鲜烩于一锅的海鲜锅。新鲜的海产、特殊的烹饪器具、秘制的调味料造就了满溢海洋滋味的营养佳肴，摩尔时代的文化又为海鲜锅增添了历史积淀。热气腾腾的海鲜锅为人们带来浓郁的葡萄牙风情。

葡式美味　群英荟萃

阿尔加维位于葡萄牙东南部，它因绵长的海岸线和阳光灿烂的沙滩而闻名世界。宜人的气候、温暖的海水赋予了阿尔加维丰富的海产资源。来自大西洋的海味成就了葡式大餐的美味佳肴，让游客流连忘返。

初闻"海鲜锅"，不少人会认为这是一种厨具的名称。实际上，"海鲜锅"指的是阿尔加维地区的一种经典海鲜美食。

海鲜锅是将各类海鲜和配料放入锅中烹制而成的美食。海鲜锅所用的烹饪工具是独特的带有铰链和盖子的双耳铜锅，能保留各色海鲜蒸出来的美味汤汁。打开铜锅的盖子，香气扑鼻而来。蛤蜊、海虾、螃蟹、扇贝、章鱼、鱿鱼……不胜枚举的海鲜"明星"荟萃在一起，融成一道颜色鲜艳、味道丰富的海鲜锅。海鲜锅既有整锅料理的鲜香味道，也让每一种海鲜的味道得到淋漓尽致的展现。密闭的铜锅焖煮出的汤汁风味独特，再配上一杯口感香醇的葡萄酒，绝妙的搭配使味蕾得到充分满足。

▲ 海鲜锅

环球海味之旅
GLOBAL SEAFOOD CUISINE

海鲜盛宴　营养多样

葡萄牙海鲜锅的主要食材自然是各色海鲜。阿尔加维每日都会有新鲜的海产，因而这里的海鲜锅尤为美味。

最正宗的海鲜锅是以蛤蜊为主料，外加其他海鲜和调味料制成的。蛤蜊肉质鲜美，被誉为"百味之冠"，是葡萄牙最盛产的海鲜之一。新鲜的蛤蜊要提前一天用清水浸泡吐净泥沙。大厨将吐净泥沙的蛤蜊带壳放入锅中，加入番茄、洋葱等蔬菜，并添加香菜、红辣椒粉、胡椒粉等调味料，慢火煮制 15 分钟。蛤蜊充分吸收调味料的味道，增添了酸甜的滋味。当然，蛤蜊海鲜锅可能过于单调，许多厨师会将海虾、螃蟹、章鱼和扇贝、贻贝等加入锅中，烹制含有多种海鲜的海鲜锅。一道奢侈的海鲜锅还会用到龙虾、生蚝等名贵海鲜。食材越丰盛，海鲜锅的海洋味道就会越浓郁。

海鲜锅融汇多种海鲜，营养丰富。蛤蜊有解毒止痛、清热化痰、生津止渴等功效。鲜虾对身体调养颇有益处。螃蟹也有滋补身体的作用。

海鲜锅 ▲

▲ 用来制作海鲜锅的锅

摩尔时代的传统佳肴

公元 8 世纪，摩尔人占领了伊比利亚半岛（今葡萄牙和西班牙），将葡萄牙南部的阿尔加维称为"西陲之池"。摩尔人在"西陲之池"尝试种植果树和粮食。不久，他们发现"西陲之池"的海产资源十分丰富，海产品产量高、质量好。于是，摩尔人开始以海鲜作为菜肴的主要食材。渐渐地，他们发现将各类海鲜放到一锅中煮制成的菜肴味道十分鲜美，口感与众不同。流传至今，海鲜锅的食材越来越丰富，但它的饮食文化仍然保留着摩尔时代的余音。

现在，阿尔加维的海鲜美食闻名世界，除了大名鼎鼎的海鲜锅外，炭烤海鲜和葡萄牙海鲜饭也有不小的知名度。炭烤海鲜中，最常见的是炭烤沙丁鱼。在阿尔加维的海岸上，一排排盐渍沙丁鱼被架在炉火上烤制，诱人的香味四处飘散。葡萄牙海鲜饭将米饭与海鲜融合在一起。葡萄牙海鲜饭的锅底由番茄、洋葱等多种蔬菜熬制而成，其中加入米饭和新鲜螃蟹、鱿鱼及其他海鲜煮制。煮出的米饭极有嚼劲，海鲜的味道也格外香浓。葡萄牙海鲜饭广受食客欢迎，被评为葡萄牙七大美食之一。

海鲜锅是地道的葡萄牙美食，在葡萄牙之外的其他地方，很难品尝到传统的铜锅烹制的海鲜锅。阿尔加维南部的塔维拉有一家名为 Pousada de Tavira 的高档餐厅，那里烹饪的海鲜锅尤为正宗。

午间，品尝着鲜香的海鲜锅，感受着葡萄牙悠久的历史文化，好一段安逸的"葡萄牙时光"。

▲ 阿尔加维海鲜美食

美洲和大洋洲篇

AMERICA AND OCEANIA

环球海味之旅

GLOBAL SEAFOOD CUISINE

　　500 年前，当欧洲殖民者踏上美洲大陆时，他们一方面惊叹于美洲丰富的物产，同时也把欧洲的食材和烹饪方式带到了美洲。后来，频繁的黑奴贸易又将非洲烹饪的元素纳入美洲的饮食文化中。美洲融汇出了美国的什锦饭、巴西炖鱼以及秘鲁的酸橘汁腌鱼等多元融合的佳肴。当然，美洲也富含独具特色的本土美味，如智利的古兰多和美国的龙虾。

　　南半球的大洋洲拥有众多的海鲜食材，并遵循"简单之法"烹饪美食。原汁原味的澳洲龙虾和饱满的布拉夫牡蛎带来南半球的新鲜滋味，一定会让你心旷神怡。

▲ 新西兰海滨风光

▲ 美国缅因州海上风光

"逆袭"的海味
——美国龙虾

　　提及美国龙虾，人们首先想到的是它不菲的身价。但在殖民时期，它主要供契约工人和囚犯食用，有"贫民食品"之称。如今，鲜美至极的美国龙虾吸引无数食客来到热闹非凡的缅因州龙虾节。

缅因州的鲜甜海产

　　东方欲晓之际，美国缅因州的勤劳渔民已经开始捕龙虾。渔民捕获的新鲜龙虾以最快的速度被运送到大厨手中，而后经过悉心烹制，变成一盘盘色泽鲜亮、滋味绝佳的龙虾美味被端上餐桌。

　　位于美国东北角、南临大西洋的缅因州有美国的著名渔港，盛产美国龙虾。当地民众也把美国龙虾称为缅因龙虾。

　　大名鼎鼎的美国龙虾并不是龙虾属物种，而是隶属于十足目海螯虾科螯龙虾属。美国龙虾的生长速度缓慢。刚蜕壳的美国龙虾是软壳的，煮熟后，虾壳的颜色为淡红色，细看之下，还带有一丝黑色。软壳美国龙虾滋味平淡。而未蜕壳的美国龙虾有坚硬的壳，煮熟后，虾壳呈鲜红色。硬壳美国龙虾老嫩适度、鲜甜可口。有经验的老饕会挑选硬壳的美国龙虾。

▲ 美国龙虾

美国龙虾又名波士顿龙虾

　　我国消费者常将美国龙虾称为波士顿龙虾，其实，波士顿并不是龙虾的产地，而是美国龙虾最大的集散地。

市面上常见的美国龙虾外壳光滑、体型威武，生就两条长须和两只大螯，大多为橄榄绿或褐色，也不乏红褐色的品种，甚至还有罕见的蓝色和黄色个体。但烹熟后的龙虾都是红色的。

烹熟后的美国龙虾不仅外表色泽鲜亮，而且口感细腻、鲜甜可口，尤其是那对大螯更是味道浓郁。雪白的虾肉肉质紧实、甜汁满溢。饕客陶醉于这一美味，早已顾不得手上沾满黏汁。

蒸煮烤煎　样样美味

鲜活的美国龙虾生猛无比，刚从海里捕捞上来的龙虾是烹制美味佳肴的不二选择。捕捞的美国龙虾在水箱里养殖的时间越长，就会越瘦，也会失去原有的鲜甜口感。在美国，贩卖死龙虾是违法的。

▲　美国龙虾

　　美国龙虾是北美人民的传统食材，常用的烹饪方法是煮或蒸。美国人喜欢食用原汁原味的美国龙虾，他们用海水或淡盐水将美国龙虾煮熟，切成两半，上桌前洒上柠檬汁或抹上奶油。清煮美国龙虾的步骤十分简单，但要烹饪得肉质鲜嫩，还需要掌握好水煮时间。煮的时间过长，龙虾的鲜美之味容易流失在水中。清蒸美国龙虾对烹制时间的要求相对宽松。美国人认为龙虾中缺少油脂，蒸熟的美国龙虾需要剥壳并佐以黄油方可食用。

　　而今，美国龙虾的烹饪方法日益多样，除了蒸、煮外，还发展出了烤和煎两种烹饪方法。烤制龙虾需要去头，再将尾部从中间切开，但不能切透，然后在切开的尾部里填进扇贝肉。最后，将处理好的美国龙虾涂上黄油，撒上调味料，在烤箱中烤熟。煎制美国龙虾需要带壳烹调，这样既可以防止虾肉收缩，还可以将虾壳的鲜味渗入虾肉。煎熟后的虾肉会散发出奇异的芬芳。另外，鲜甜的龙虾肉和清淡的淀粉类食物也是绝妙的搭配，龙虾烩饭、龙虾意面等深受食客喜爱。

　　美国龙虾营养丰富，蛋白质含量高，并且富含钾、磷、钠等元素，有健胃、化痰的功效。但要注意的是，美国龙虾不能和含有鞣酸的水果如葡萄、山楂、柿子等同食，否则会导致肠胃不适，出现头晕、腹痛、恶心等症状。

环球海味之旅
GLOBAL SEAFOOD CUISINE

"贫民食品"的"逆袭"

如今，美国龙虾已是风靡全球的奢华海味，但在 19 世纪之前，它一直被当成低等食材。很久以前，新英格兰地区龙虾产量颇丰，暴风过后的海滩上龙虾密密麻麻，当地土著只把它们当肥料和鱼饵，并没有将它们制成精美的菜肴。

17 世纪，英国殖民者抵达美洲新大陆。由于当地食物匮乏，殖民者只能靠吃海鲜果腹，美国龙虾就是当时的主要食材。殖民者简单地用水煮食美国龙虾，然而并不符合他们的口味。

后来，美国龙虾变成了穷人、契约工人和囚犯的菜肴，被称为"贫民食品"。契约工人们顿顿被迫吃龙虾，再好的美味也成了负担，于是强烈抗议，并开始罢工，要求资本家："每周供给龙虾的次数不得超过三次。"许多殖民地也规定了每周给囚犯吃龙虾的次数。那时，吃美国龙虾被看成一种虐待行为。

直至 1891 年，美国人发明便携的龙虾罐头后，美国龙虾才渐渐从无人问津的廉价海味变为美味佳肴。第二次世界大战期间，食物实行配给制，但龙虾并不在配给限制名单中，所以人们争相购买。

之后，龙虾彻底告别了廉价的名声，成为令人瞩目的美食。新烹饪方式的出现和各地龙虾节的举办使美国龙虾的需求量暴增，美国龙虾开始作为高档餐厅的压轴菜登场。各地纷纷举办以龙虾为主打的美食节，缅因州龙虾节也成了世界上最受关注的美食节之一。

美国龙虾由"贫民食品"变成大红大紫的海鲜明星，"逆袭"之路堪称传奇。

缅因州龙虾节

缅因州龙虾节在 8 月的第一周举行，从周三持续到周日，为期五天的饕餮盛宴让成千上万的游客慕名前来。期间，大厨们会烹制成千上万只龙虾，让游客一饱口福。龙虾节中举办的"威廉·阿特伍德龙虾木箱国际大赛"也备受瞩目。

▲ 美国波士顿夜景

美式羹汤
——蛤蜊浓汤

味道浓郁的蛤蜊浓汤烹制方法简单，食用方法多样，是美式羹汤的代表。这道由清教徒舶来的美食经过美国大厨的发扬、改进，演化出新英格兰蛤蜊浓汤和曼哈顿蛤蜊浓汤，为寒冷冬日倍添暖意。

▲ 新英格兰蛤蜊浓汤

海鲜羹汤　浓香味美

蛤蜊浓汤是备受美国人喜爱的美味汤饮，无论是在盛宴中抑或是在日常餐桌上都可以见到它的身影，美国波士顿的蛤蜊浓汤更是享誉世界。

蛤蜊浓汤是一道以蛤蜊为主要食材，配以马铃薯、西芹、胡萝卜等蔬菜熬制的羹汤。美国市面上常见的蛤蜊浓汤有两种，一种是奶香浓郁的新英格兰蛤蜊浓汤，另一种则是酸辣口味的曼哈顿蛤蜊浓汤。

新英格兰蛤蜊浓汤以奶油为汤底主料，羹汤呈乳白色，以肥硕的蛤蜊为主要食材，点缀有嫩黄色的马铃薯丁、橘黄色的胡萝卜丁以及鲜绿色的西芹丁，因添加了大量的奶油和马铃薯而呈现出比一般汤羹更加浓稠的特点。品一匙新英格兰蛤蜊浓汤，会瞬间被汤羹醇厚香浓的口感所征服。

曼哈顿蛤蜊浓汤以番茄为汤底主料，羹汤中加入辣椒粉，呈现出厚重的粉红色。酸辣口味的曼哈顿蛤蜊浓汤一直饱受争议。1940 年，一位新英格兰旅行家对曼哈顿蛤蜊浓汤进行了辛辣的嘲讽："用西红柿配蛤蜊无异于用辣根酱配冰激凌。"

环球海味之旅
GLOBAL SEAFOOD CUISINE

蛤蜊浓汤有一绝佳搭档——法式酸面包。据传，法式酸面包是由法国移民传入美国的。在美国旧金山繁华的渔人码头，有一家名为"波丁酸面包工厂"的百年老店，其口味独特的法式酸面包广受食客欢迎。法式酸面包外皮坚硬、内里松软，有特殊的酸味，与蛤蜊浓汤搭配，令人唇齿留香。现在，这家老店将酸面包做成圆碗状。把蛤蜊浓汤倒进面包中，浓汤的香气融入带有酸味的面包中，别有一番风味。

▲ 倒入法式酸面包中的蛤蜊浓汤

简易佳肴　原汁原味

美国大厨追求食材的原汁原味，因而蛤蜊浓汤用料精简，烹饪方法也十分简单。

大厨选用肉质嫩滑鲜美的大西洋圆蛤，先使其吐净泥沙，并将其清洗干净。在这个过程中，反复摇晃盛放蛤蜊的容器，挑选出死蛤，避免包有泥沙的死蛤影响蛤蜊浓汤的口感。摇晃时，鲜活的蛤蜊一般不会开口，而死蛤经过摇晃会自然开口。

熬制味道浓郁的汤底也是烹制蛤蜊浓汤的重要步骤。先将马铃薯、胡萝卜、西芹等蔬菜切成丁备用。接下来，在锅中放入奶油、黄油以及牛奶中火熬制，以适量的面粉或发酵粉增稠，并用汤勺适时搅拌。如果烹制曼哈顿蛤蜊浓汤，则应再添入番茄和辣椒粉。待汤汁微微沸腾时，加入处理好的蛤蜊和各色蔬菜丁小火慢煮20分钟，即可盛出食用。

蛤蜊性味咸、寒，有滋阴润燥的功效。但是，蛤蜊浓汤中所使用的主要调味料奶油中含有反式脂肪酸，因此，蛤蜊浓汤应适量饮用。

风味佳肴　漂洋过海

如今，蛤蜊浓汤是美式佳肴的标志。然而，蛤蜊浓汤的最早发源地却是法国沿海地区。

16 世纪，法国布列塔尼的渔夫会将一天的渔获用大铁锅煮成羹汤，这时的羹汤以各种鱼类为主要食材，有时也会加入咸猪肉和各色蔬菜。人们发现大铁锅煮制的羹汤味道鲜美，因此便用大铁锅的名称"chaudières"命名这道羹汤。

后来，清教徒们把这种名为"chaudières"的羹汤从欧洲带到了美国东海岸，羹汤的名字慢慢演变成"chowder"，译为"周打汤"。1751 年的《波士顿邮报》上刊登了第一份周打汤的配方，这份配方以诗作的格式书写，引起了当时人们的广泛关注。据这份配方记载，早期的周打汤惯用饼干来增稠。现在，美国大厨更喜爱使用面粉或发酵粉增稠。周打汤逐渐演变为新英格兰蛤蜊浓汤，并自 19 世纪起，被波士顿各大餐厅争相销售。

酸辣口味的曼哈顿蛤蜊浓汤是由罗德岛的葡萄牙后裔发明的。它成名于 20 世纪，比新英格兰蛤蜊浓汤要晚很多。各家餐厅的曼哈顿蛤蜊浓汤配料不同，味道也不尽相同。时至今日，蛤蜊浓汤遍及美国的大街小巷，尤以美国东海岸的波士顿和西海岸的旧金山最盛。

一碗浓郁的蛤蜊浓汤既可以当餐前的开胃汤，也可以当简单的主食。在寒冷的冬季，品尝一碗温暖的蛤蜊浓汤，冬日的寒气逐渐散去，美食的奇妙自会涌上心头。

▲ 曼哈顿蛤蜊浓汤

多元美食
——什锦饭

新奥尔良是多元文化的熔炉，当地的许多美味菜肴都是多元文化碰撞、融合的产物。丰盛的什锦饭融合了法国、西非及新奥尔良本土的饮食特色，荟萃海味精华，营养丰富，带来口腹之享的同时，也带来异域风情体验。

▲ 什锦饭

好饭还需浓汤配

夜幕降临之时，别称为"大快活"的新奥尔良热闹非凡，即兴演奏的爵士乐及热情洋溢的狂欢节令新奥尔良享誉世界，其独具特色的美食更是令来自世界各地的游客流连忘返。

丰盛的什锦饭几乎是每个游客必点的美食。"什锦饭"这个名称源自普罗旺斯语，本意为"混合物"。在新奥尔良的法国区，随处都可以闻到从餐厅窗户中飘出的辛辣气味，这是来自什锦饭的独特味道。鲜虾、香蟹、鱿鱼、贻贝……一碗五彩斑斓的什锦饭汇集着各色海味，辛辣之气扑鼻，米饭与海鲜、香料相互融合，粒粒米饭皆带有浓郁的海洋滋味，十分诱人。

什锦饭的最佳搭档是秋葵浓汤，一份浓郁的秋葵浓汤会为什锦饭锦上添花。秋葵浓汤是以鱼肉、风干的蔬菜为主要食材熬制的，并以干黄樟叶磨成的粉进行调味，再以秋葵为汤汁增稠制成。秋葵浓汤的历史可以追溯到18世纪，它是由路易斯安那州的克里奥尔人发明的。聪明的克里奥尔人融合西非菜肴、法国的马赛鱼汤及当地本土美味制成了特色羹汤。在物质条件并不充裕的时期，大米对于克里奥尔人是奢侈品。他们只在特殊的节日将秋葵浓汤搭配米饭食用；平日里，他们会将秋葵浓汤浇到粗玉米粉上食用。如今，人们将热腾腾的秋葵浓汤配以什锦饭食用。鲜美的鱼肉汤汁浓郁厚重，添加的蔬菜使汤汁鲜香而不油腻。什锦饭的辛辣之味增加了美味的层次。二者的结合带给食客舌尖上的享受。

▲ 秋葵浓汤

环球海味之旅
GLOBAL SEAFOOD CUISINE

多彩搭配　营养丰富

　　美国的什锦饭与西班牙海鲜饭较为相似，什锦饭是将大米与各色海味一同焖煮制成。市面上常见的什锦饭有两种，分别是克里奥尔风格的红色什锦饭和卡津风格的棕色什锦饭。

　　多汁的红色什锦饭是以西红柿汤汁烹制而成的。取厚底深锅，倒入少许橄榄油，中火加热，将青椒、青菜、胡萝卜等各色时蔬和昂杜耶香肠一起放入锅中翻炒，再加入西红柿汤汁和米饭拌炒均匀。待米饭完全融入汤汁后，小火焖煮 20 分钟。最后，在锅中放入鲜虾、蟹、鱿鱼、贻贝等新鲜海味，并添加辣椒、肉豆蔻、桂皮等香料再焖煮 20 分钟即可。

　　烟熏的棕色什锦饭以肉汁烹制而成，烹制方法与红色什锦饭相似。棕色什锦饭还会用一些生猛的食材，如克氏原螯虾、鳄鱼肉等。克氏原螯虾又名小龙虾，它的甲壳坚硬、肉质肥厚，烹制熟后味道鲜美、余味不绝，深得食客喜爱。令人闻之胆寒的鳄鱼也被用作棕色什锦饭的食材。鳄鱼肉口感鲜美，味道香浓，可以为什锦饭提鲜增色。

　　什锦饭融合海鲜、野味、蔬菜等元素，各种食材的营养也汇集于什锦饭中 —— 虾类海鲜的蛋白质、螃蟹中的维生素 A，等等。

▲ 美国新奥尔良街头及爵士乐演奏

▲ 什锦饭

▲ 美国新奥尔良街景

海味佳肴　法裔创制

　　新奥尔良在历史上曾是法国和西班牙的殖民地，并有大规模的加拿大移民迁入以及非洲黑奴涌入。殖民者、移民甚至黑奴都将本国的饮食文化带入新奥尔良。

　　风味独特的什锦饭是由移民到新奥尔良的法国殖民者的后裔发明的。18世纪，他们被驱逐出加拿大，来到美国路易斯安那州的新奥尔良定居。善于发现的法裔观察到新奥尔良海产资源丰富，便将当地特有的海味与法式烹饪和黑人饮食相结合，并以当地的香料调味、增香，创制出丰富的什锦饭。经过传承和改良，什锦饭在美国餐饮中已经占有重要地位。20世纪40年代，美国乡村音乐歌手汉克·威廉姆斯曾创作一首名为《什锦饭》的歌曲，美味的什锦饭也随之扬名天下。

　　而今，新奥尔良早已成为美食和文化的大熔炉，爵士乐也别具一格，吸引着络绎不绝的游客前来观光。在新奥尔良，尤其是在喧闹的法国区，无论是高级餐馆还是街头小店都会供应丰盛的什锦饭和浓稠的秋葵浓汤。

　　在午后，沐浴着海湾的微风，聆听着新奥尔良高亢的萨克斯，品一份经典的什锦饭，任时光静静流逝，惬意而又激昂。

▲ 新奥尔良爵士音乐家路易斯·阿姆斯特朗　　129

热辣风情
——巴西炖鱼

　　海鲈鱼、番茄、洋葱等食材看似简单，一经独特的技法烹制，却迸发出独特的鲜美味道，成为美味的巴西炖鱼。颜色鲜亮，香气浓烈，一如巴西热情火辣的桑巴舞。

▲ 巴西炖鱼

鲜美鲈鱼　造就佳肴

　　2016 年 8 月 6 日，第 31 届夏季奥运会在巴西首都里约热内卢开幕，世界各地的游客纷至沓来。除了观看隆重的奥运盛事，游客也不忘品尝特色的巴西美食。其中，曾被《福布斯》杂志评选为"全球必吃美食"之一的巴西炖鱼更是受到热捧。

　　在巴西不同的城市里，巴西炖鱼的烹饪食材略有差异，但基本都是以海鲈鱼、番茄、洋葱为主要食材。巴西炖鱼所选用的海鲈鱼鱼肉纯白、呈蒜瓣形。进入秋季，海鲈鱼逐渐肥美，尤其是秋末冬初之际，口感格外鲜香，特别适宜用来烹制巴西炖鱼。典型的巴西炖鱼是由海鲈鱼的鱼肉和洋葱、番茄一同放入特制的陶煲中慢火炖制而成，不同城市的居民会根据当地习俗加入椰奶、棕榈油、辣椒、番薯粉等调味料。

　　热腾腾的巴西炖鱼一端上桌，打开陶制炖锅盖子的瞬间，香气便扑面而来。巴西炖鱼颜色鲜亮，新鲜多汁的番茄将汤底染成诱人的红色，各色配料五彩斑斓。鲜嫩的鱼肉充分吸收了汤汁的香味，鱼肉的鲜味与汤汁的酸、辣滋味相得益彰，汤汁中丰富的配料和调味料一同衬托出鱼肉的海洋滋味，浑然天成。

海鲈鱼 ▲

▲ 巴西里约热内卢

▲ 巴西里约热内卢海岸

工序考究　留存营养

　　巴西炖鱼的食材简单易得，但特殊的烹饪器具和考究的烹饪方法使普通的食材呈现出不一样的鲜美味道。

　　巴西炖鱼烹饪方法考究，烹饪过程较为繁复。首先，要仔细清洗海鲈鱼，将鱼头、鱼尾切掉，将鱼肉切成块状。同时，取半个柠檬榨汁并将其均匀地洒到鱼块上。随后，用清水将鱼块冲洗干净。多次重复这个步骤可以去除海鱼腥味。接下来，要进行海鲈鱼的腌制工作。将鱼块盛放在干净的深碗中，淋上两匙橄榄油，并撒上蒜蓉和盐调味，再将深碗放进冰箱中冷藏20分钟，确保充分腌渍入味。

▲ 海鲈鱼

烹制巴西炖鱼的器具是类似于平底锅的陶制炖锅。鱼腌好后，在锅中倒入橄榄油，再加入蒜蓉、香菜、洋葱碎等一同翻炒，待炒出香味后，将切片的番茄放入锅中，并倒入适量的水，以小火焖煮 1 到 2 分钟。接下来，可以根据各地的饮食习惯在锅中加入不同食材，一般都会先将备好的洋葱、辣椒等蔬菜分为两份。先将一半蔬菜放入陶制炖锅中，铺满锅底，再将腌好的鱼块放在蔬菜上面，最后将剩下的一半蔬菜码在鱼块的上面，并在鱼块上撒少许番茄碎，倒入适量椰奶，以小火加热 15 分钟左右，至鱼煮熟后即可出锅。

繁复的工序烹制出的巴西炖鱼不仅鱼肉口感嫩滑，而且保留了鱼肉本身的营养价值。巴西炖鱼有滋补肝肾、开脾健胃的功效，常被作为秋季滋补的首选臻品。

▲ 巴西炖鱼

▼ 巴西狂欢节

环球海味之旅
GLOBAL SEAFOOD CUISINE

航海家的偶然发明

1500 年，为了垄断香料贸易，葡萄牙航海家卡布拉尔带领一支由 13 艘船只组成的远征队，踏上了前往印度的征程。由于风暴和赤道洋流的阻碍，出行一个月后，船员们便偏离航线，来到一片陌生地域，也就是现在的巴西。卡布拉尔带领的远征队发现当地居民会将肉和鱼以树叶包裹，加入巴西香草、辣椒等食材，放入陶罐中烹煮。于是，他们在当地居民原有食材的基础上加入欧洲水果和香料，以时蔬搭配菜肴，并将这道菜命名为"巴西炖鱼"。不久，这道营养丰富、鲜嫩可口的美味佳肴便在巴西流传开来。

20 世纪，巴西的巴伊亚州和圣斯皮里图州曾因巴西炖鱼的发明权问题发生过激烈的争论。这两个位于同一侧海岸线的州均声称当地是卡布拉尔最先发现的地域，声称巴西炖鱼是当地独创的佳肴。

巴伊亚州的巴西炖鱼添加了浓香的椰奶和棕榈油，是比较典型的巴西炖鱼，但由于棕榈油和椰奶都是从非洲引入巴西，所以圣埃斯皮里图州的居民普遍认为巴伊亚州的巴西炖鱼不够正宗。那里的居民坚称当地的这道美味更富有巴西味道，做法是先把鱼浸入酸橙汁中腌制，之后在陶制炖锅中加入番茄、洋葱及巴西特有的浆果，以小火焖煮一个小时。两个州的巴西炖鱼各有千秋，巴伊亚州的巴西炖鱼味道更为浓郁，十分经典，而圣埃斯皮里图州的巴西炖鱼更得烹饪鉴赏家的喜爱。

新鲜的食材、古朴的陶制炖锅、传统的烹饪方法……一道色香味美的巴西炖鱼，展示出火辣的桑巴之国的独特风情。

▲ 巴西炖鱼

▲ 秘鲁利马历史中心

136　▲ 秘鲁印加遗址

秘鲁 "国菜"
—— 酸橘汁腌鱼

秘鲁得天独厚的地理条件孕育出优质的鱼类，秘鲁人以柑橘类水果的果汁 "煮熟" 海鱼，造就了秘鲁的 "国菜" —— 酸橘汁腌鱼。营养丰富的酸橘汁腌鱼不仅是食客热捧的美味佳肴，也是秘鲁多元文化的见证。

鲜美海鱼　酸橘 "烹熟"

100 多年前，现代西厨的开山鼻祖奥古斯特·埃科菲将秘鲁列为世界第三大美食国度。2012 年，在 "世界旅游奖" 委员会组织的 "世界最佳美食目的地" 的评选活动中，秘鲁获得了 "世界最佳美食目的地" 的荣誉称号，足可见秘鲁美食的魅力。在形形色色的秘鲁美食中，最具代表性的当属秘鲁 "国菜" 酸橘汁腌鱼。

顾名思义，酸橘汁腌鱼就是以酸橘及其他调料腌制的鲜鱼。强大的秘鲁寒流虽然造成了秘鲁沿海地区的干旱气候，但冷水上泛带来了丰富的营养物质，使浮游生物繁殖迅速，为鱼类提供了充足的饵料，造就了世界四大渔场之一 —— 秘鲁渔场。秘鲁渔场拥有众多经济鱼类，而烹制酸橘汁腌鱼的最佳食材正是肉色洁白、肉质紧实的海鱼。

海鲈鱼是烹制酸橘汁腌鱼的传统选材，比目鱼则是秘鲁利马大厨心中的最佳食材。在秘鲁人的心目中，新鲜的海鱼第一时间烹制成菜肴是最美味的，由于渔民早晨出海打鱼，秘鲁人会选择在中午烹制酸橘汁腌鱼。

酸橘汁腌鱼是用酸橘、柠檬等柑橘类水果的果汁和辣椒作为主要腌料制成。柑橘类水果的果汁是酸性的，在酸的作用下，鱼肉会变硬，鱼肉外侧也不再透明，如同被果汁 "煮熟" 了一般。而且，用酸性的果汁腌制鲜鱼还可以为鱼肉消毒杀菌。经柑橘类水果的果汁腌制的鲜鱼保留了鲜嫩爽滑的口感，酸爽的果汁又衬托出鱼肉的鲜甜，配上红薯、土豆、玉米等配菜食用，美味又营养。

▲ 酸橘汁腌鱼

▲ 秘鲁风光

简约佳肴　营养丰富

　　酸橘汁腌鱼所用的食材简单，烹制方法也不复杂。首先将新鲜的鲈鱼或比目鱼洗净，去除鱼皮和鱼骨。然后，将新鲜鱼肉洗净后切成块状鱼丁，盛入碗中，再添加酸橘汁、柠檬汁、辣椒、糖、盐等搅拌均匀。经验丰富的大厨会精确地控制鱼肉和果汁的比例，一般以每磅鱼肉配 250 毫升果汁为最佳。鱼肉的最佳腌制时间为 20 分钟左右，如果时间过久，鱼肉可能会碎烂，而时间过短，则无法起到为鱼肉充分杀菌的作用。20 分钟后，轻轻搅拌鱼肉，使其与酸辣的配料充分融合，一道酸橘汁腌鱼就做好了。

▲ 比目鱼

　　无论是传统酸橘汁腌鱼所用的海鲈鱼，还是利马大厨钟爱的比目鱼，都有丰富的营养价值，尤其对孕妇大有裨益。孕妇常食用海鲈鱼可以治疗胎动不安，并且有补血益气的功效；比目鱼含有维生素 B6，可以减轻孕期呕吐；柑橘类水果汁也有助于增强人体免疫力。

　▲ 秘鲁海岸风光

招牌美味　多元融合

秘鲁美食烹饪发展的历史是多种美食文化融合的历史。秘鲁是古老的印加帝国的发源地，后被西班牙人侵占。现在一般将前殖民时代的秘鲁人称为印加人，将西班牙殖民者与印第安人的后代则称为梅斯蒂索人。后来，奴隶贸易和南美洲的开发，又为秘鲁带来了黑人奴隶和华人劳工。因此，秘鲁的饮食文化在传统印加佳肴的基础上，又融入亚洲、欧洲、非洲的特色美味，变得更加多元。

▲ 酸橘汁腌鱼

酸橘汁腌鱼便是一道多元饮食文化融合的产物。传统的印加人并不知道酸橘、柠檬这些酸性水果，他们将鱼和肉浸在自制的玉米啤酒及一种名为"Tumbo"的水果汁中以起到保鲜的效果。后来，日本移民将鱼生的概念引入秘鲁。西班牙殖民者将酸橘、柠檬选为腌鱼和肉的主要配料。印第安移民又将红薯和玉米选为腌鱼和肉的搭配菜肴。1535 年，西班牙殖民者创建了秘鲁的西班牙文化重地 —— 利马。在这座海滨城市中，西班牙人将酸橘汁与鱼生配在一起，并佐以红薯、玉米等配菜，创造出秘鲁人餐桌上常见的营养美食。而今，这道酸爽可口的酸橘汁腌鱼堪称秘鲁"国菜"。

美食是秘鲁的招牌，多元交融是秘鲁美食的灵魂。在秘鲁利马，既可以领略印加遗址的风采，又可以品尝酸橘汁腌鱼这种融贯东西的秘鲁美食，别具风味。

▲ 智利奇洛埃岛上的彩色房屋

智利盛宴
——古兰多

在智利南部的奇洛埃岛，可以看到这样一幅场景：当地原住民将肥美的贻贝、蛤蜊及诱人的猪肉、鸡肉等食材堆放在宽大的土坑中，并覆上巨大的叶片。这是原住民正在烹饪一种名为"古兰多"的传统菜肴，古老而独具魅力。

▲ 制作古兰多

海鲜盛宴　香气四溢

智利最大的岛屿——奇洛埃岛古老而神秘，这里既有森林、险山等壮丽的自然景观，又有丰富多彩的人文传说。奇洛埃岛是南美洲的"童话之岛"，岛上原住民祖祖辈辈、口口相传的女巫、幽灵船等故事吸引着各国游客前来探秘。所有故事中，当地渔民最钟爱美人鱼"La Pincoya"的奇幻传说，据说她的出现可以保佑当地渔业丰收。当地渔业资源的确丰富，当地人也以新鲜渔获做出诸多美味，其中最负盛名的便是传统海鲜佳肴古兰多。

古兰多是由"Curanto"音译而来，在智利的土著玛布切族语言中，"Curanto"意为太阳烤热的石头。奇洛埃岛的原住民在草地上挖一个洞，覆盖上已经加热的石头，再将各色食材包裹在一种名为"Nalca"的大黄叶中，放到热石上面。不久，古兰多便迸发出特有的香味。待古兰多"煮熟"后，原住民会搭配两种类似饺子的特色食物——"Milcao"和"Chapaleles"食用。

轻轻翻开大黄叶，一份量大味美的盛宴便展现在面前。色泽明亮的贻贝、个大肥美的蛤蜊、鲜嫩厚实的猪肉排、色彩缤纷的蔬菜——丰富的食材呈现出一场视觉盛宴。伴随着蒸腾的热气，古兰多的香气四散开来，浓香之中还带有炙烤的烟熏味。热石炙烤的烹饪方式将各种食材的鲜香味道发挥到极致，贝类香甜爽口，肉排肥而不腻，蔬菜洋溢着田园滋味。

▲ 制作古兰多

造就美味　费时费力

　　古兰多是地道的智利土菜，它融合了海味、肉类与蔬菜，并以奇洛埃岛传统的坑洞炙烤的形式进行烹饪。烹制古兰多之前，岛民们会在地面上挖一个长、宽均约一米、高约半米的坑洞，放入光滑的圆石并点火将其烧热。当石头变得炽热后，在上面堆放以"Nalca"叶包裹的各色食材。

　　做古兰多时，其浩繁多样的食材在堆放时需有一定的顺序。首先，岛民们会在"Nalca"叶上堆放新鲜的贝类海鲜。古兰多选用的贝类食材根据时令和食客的喜好而不同，但贻贝几乎是每个岛民都会选择的优质食材。尤其在雨季，海水中营养成分充足，"喂"出的贻贝格外肥美鲜甜。蛤蜊和竹蛏也是备受喜爱的食材。然后，把猪肉、鸡肉、牛排等肉类码在贝类食材的上面。随后，将土豆、白菜、韭菜、蚕豆等蔬菜摆放在肉类食材上，再在食物上盖一层"Nalca"叶、草皮和石块。由于"Nalca"叶不透气、不透水。因此，以"Nalca"叶覆盖食材能有效留存食材的热量。最后，将裹在"Nalca"叶中的食材在热石上放置几个小时即可。这道菜肴传统的制作过程较为繁琐，用时较长，但烹制出的美味让食客赞不绝口。

　　古兰多营养均衡，贝类海鲜具有滋阴明目、止咳化痰等功效；肉质食材中含有丰富的蛋白质；蔬菜中含有大量的无机盐和维生素。

▼ 智利复活节岛风光

▲ 古兰多

土著美食　流传千年

　　智利大陆与奇洛埃岛被狭窄的查考海峡分隔开来。奇洛埃岛由一个大岛及几个小岛组成，这里的原住民是在此居住了上千年的马普切人，他们拥有自己独特的美食习俗和文化。

　　据说，古兰多是源自奇洛埃岛渔民古老的保存食物的方法。几个世纪前，渔民在出海过程中经常遭遇恶劣天气，他们将鲜鱼放入腌肉或其他可长期保存的食物中，带到船上作为捕鱼时的食粮。而在不出海的日子里，当地原住民借鉴南美传统的烧烤方式，发明出坑洞炙烤食材的烹饪方式。

　　现在，在奇洛埃岛上，仍有人以原始的烹饪方式烹制古兰多。不过更多的古兰多由大锅烹煮而成，味道也非常鲜美。

　　奇洛埃岛拥有众多古老的渔村和海滨景点，也有许多具有地方特色的盛大节日。在每年的一、二月，奇洛埃岛都会举办节日展示岛屿习俗。其中，烹制古兰多必不可少。参与者要在土窑中以传统方式烹制古兰多，亲自参与挖掘坑洞、准备食材等过程。食品供应摊也会售卖古兰多。

　　一份食材高高堆起的古兰多，既可以让食客品尝到古老的美食盛宴，又可以让他们感受到奇洛埃岛居民的热情好客，沉醉于"童话之岛"的古朴与神秘。

南澳名产
—— 澳洲龙虾

辽阔的地域、优良的自然环境，使澳大利亚被誉为"厨师眼中的天堂，吃货眼中的圣地"，也造就了澳洲龙虾的纯净品质。澳洲龙虾因个大味美、营养丰富深受食客欢迎，又因可塑性强深得大厨喜爱。

澳洲名产　个大味美

澳大利亚拥有久负盛名的黄金海岸和优质的水文资源，为龙虾等海产提供了得天独厚的生存条件。澳大利亚的南部和塔斯马尼亚岛是澳洲龙虾的主要产地。由于澳洲龙虾生命力极强，便于长途运输，而今，肥美诱人又壮硕新鲜的澳洲龙虾已风靡全球。在喜爱食用海鲜的老饕心中，澳洲龙虾已经成为最优质龙虾的代名词。

值得注意的是，美国龙虾有一对坚硬的大螯，而澳洲龙虾却没有这对霸气的螯足。澳洲龙虾火红色的虾体上生有呈金黄色的虾爪，并有与它体型相配的硕大虾头。

澳洲龙虾不仅个体较大，而且虾肉极为鲜美，肉质细腻、滑脆且带有一股鲜甜的味道。

▲ 澳洲龙虾

▲ 水中龙虾

环球海味之旅
GLOBAL SEAFOOD CUISINE

▲ 生食龙虾

各色做法存营养

澳洲龙虾有三种主要的烹饪方法 —— 焗烤、白灼和生食。这三种烹饪方法能够留存澳洲龙虾的原汁原味。澳洲龙虾不能用浓郁的酱汁烧制，如果酱汁的味道过浓，会掩盖其鲜美的口感。

芝士焗龙虾是西式餐饮中的经典菜肴，香甜诱人，但烹制方法比较复杂。制作美味的芝士焗龙虾需选用新鲜的澳洲龙虾，先将其洗净，再从其尾部插入筷子，放出黄色的汁液后，把虾头和虾体分开，并将龙虾切成等体积的方块，再一次清洗血水。将处理好的虾块加入白葡萄酒、盐、胡椒等腌制约 1 小时，把腌好后的龙虾放入油锅中炸至六成熟后捞出。接下来，在锅里倒入黄油，加入洋葱粒和龙虾翻炒，待龙虾颜色变成深红色后取出。最后，撒上芝士放入烤箱中烤至表面微焦。鲜嫩的虾肉与香浓的芝士完美交融，虾肉因为有了浓郁的芝士的提香而充满了甘美的香味。

澳洲龙虾的另一种烹饪方法是白灼。白灼时，首先需要将其进行简单地清洗和处理。然后在锅中倒入适量的水和盐，待水煮沸后，将处理好的澳洲龙虾头朝下有序放入锅中，以大火烧开，然后中火煮上 15 分钟左右。待龙虾壳变得鲜红后，从锅中取出并沥干表面的水分，用刀沿尾部将其切为两半，随后搭配黄油、柠檬即可食用。白灼澳洲龙虾保留了食材的原汁原味，味道鲜美。

鲜爽滑脆的澳洲龙虾刺身更是不得不提的美味佳肴。首先用刀将虾头和虾身分开，再用剪刀沿两侧划开虾身，将肥美的虾肉片成薄片，盛在铺有碎冰的盘中。食客可以根据自己的口味添加调味料。澳洲龙虾刺身的造型赏心悦目，洁白的虾肉爽滑可口。

澳洲龙虾对老年人、儿童、身体虚弱者都颇有裨益，对伤口愈合也有促进作用。

世界级海鲜市场

　　新鲜与肉质肥厚是优质澳洲龙虾的两大特点。在悉尼鱼市场，你可以买到鲜活生猛、个大肥硕的优质澳洲龙虾。

　　悉尼鱼市场始建于 1945 年，是南半球最大、世界第二大（仅次于东京筑地市场）的海鲜市场。除了圣诞节，悉尼鱼市场全年无休，每天早上 7 点准时开市，下午 4 点左右闭市。悉尼鱼市场是集批发、零售及餐饮于一体的综合海鲜市场，摆满了琳琅满目的海产——硕大的澳洲龙虾、肥美的三文鱼、生猛的帝王蟹……这里售卖的新鲜海产超过 100 种，据统计，悉尼鱼市场每天都会卖出约 65 吨新鲜海产。

　　除了令人目不暇接的海产交易摊位，市场内还设有诸多海鲜餐厅，以及各国特色海鲜美食。食客可以随意在海产摊位选购海产，把买到的新鲜海产交到餐厅的大厨手中，由大厨悉心烹制成一餐丰富的海鲜餐。因此，在这里，不仅可以看到当地商人批发、采购海鲜，也可以看到许多游客来此大快朵颐。

▲ 芝士焗龙虾

　　在依山傍海的悉尼，感受着海风拂面，在人头攒动的鱼市场慢慢闲逛，品尝新鲜出炉的海鲜菜肴，无限快意涌上心头。

蚝中极品
—— 布拉夫牡蛎

被誉为"世界最后一片净土"的新西兰孕育了丰富的海鲜美味。在新西兰南岛的布拉夫小镇，可以品尝到极品牡蛎 —— 布拉夫牡蛎。牡蛎是布拉夫小镇居民的骄傲，生发出一年一度的布拉夫牡蛎美食节。

▲ 布拉夫牡蛎

新西兰的海洋馈赠

新西兰的南岛濒临南极洲，岛屿内部生态环境良好，远离污染。绵长的海岸线、飞流的瀑布、壮丽的峡湾共同构成了人间仙境般的原生态美景。南岛的塔斯曼海和米尔福德峡湾受南极冰架的影响，海水寒冷清冽且流动速度较快，盛产各种新鲜海产，其中的布拉夫牡蛎被誉为"蚝中极品"。

布拉夫小镇地处新西兰南岛的边缘延伸处，气候寒冷，不适宜居住。它的常住人口不足 5000 人，一年中的大部分时间里，小镇居民都享受着安静、悠闲的生活。但是，每年的三月到六月，布拉夫小镇便会变得熙熙攘攘。

每逢三月，布拉夫小镇的渔民便开始捕获肥厚的牡蛎，游客纷至沓来，感受布拉夫牡蛎独特的魅力。布拉夫牡蛎个体较小、体形扁平且肉色白皙，在柔嫩的牡蛎肉的四周有一圈窄窄的裙边。由于布拉夫牡蛎常年生长在无污染的清冽海水中，只要轻启牡蛎壳，便能闻到咸腥的海水味道。呡一口肉质饱满的布拉夫牡蛎，鲜嫩的牡蛎肉入口便要融化，丰富的汁液带有海水的气息。不久，一股清凉爽口的滋味便开始在口腔中蔓延，浓郁的海水气息渐渐退去，取而代之的是鲜甜的香味。一份原汁原味的布拉夫牡蛎可以让食客大饱口福，享受来自新西兰南岛的海洋馈赠。

▲ 新西兰南岛风光

多样烹饪成佳肴

　　近年来，布拉夫小镇的牡蛎出口量持续增加，游客也不惜跋涉千里来享用这一至尊美味。布拉夫牡蛎最经典的食用方法是生食。在牡蛎成熟的时节，沙滩上的游客撬开坚硬的牡蛎壳取出鲜美的牡蛎肉，配上一点柠檬就开始大块朵颐。这种食用方法简单质朴，能够最大程度地保留布拉夫牡蛎的原汁原味。布拉夫牡蛎肉质鲜嫩爽滑，除了适宜生食外，还可以采用清蒸、油炸、炒蛋、煎牡蛎饼和煮汤等多种方式进行烹制。清蒸布拉夫牡蛎只需将牡蛎放置笼屉中蒸5分钟即可，方法简单，且能存留牡蛎的鲜美味道。香炸布拉夫牡蛎需要将牡蛎肉取出，以少许黄油腌制牡蛎肉并裹以面糊煎炸，待牡蛎肉煎至

▲ 布拉夫牡蛎

金黄色便可取出，蘸料食用别有风味。布拉夫牡蛎也可以作为火锅的一道美味食材，只需将新鲜的牡蛎肉放入沸汤中煮 1 分钟左右便可捞出食用。布拉夫牡蛎配上肉块和姜丝煮汤也是一道绝佳的美味，煮出的汤汁白嫩且如牛奶般丝滑。布拉夫牡蛎的肉还可以被加工成牡蛎干。

　　布拉夫牡蛎高蛋白、高钙，含有丰富的糖元和多种维生素，具有提高免疫力、益智健脑、细肤美颜等功效。应注意的是，牡蛎搭配啤酒食用时，容易引发痛风。

▲ 布拉夫牡蛎

▲ 布拉夫牡蛎

科学捕捞赢美味

新西兰的斯图尔特岛隔德沃海峡与南岛相望，19 世纪 60 年代，这里曾是牡蛎的主要产地。渔民趁退潮时将数量庞大的牡蛎铲到船上，运到不同的地区销售。鲜嫩的牡蛎得到了诸多食客的好评，于是，渔民加大了捕获牡蛎的力度，致使其在几年时间内就被大量消耗。1877 年，新西兰的渔民停止了对牡蛎的捕捞。

两年后，渔民们在布拉夫小镇发现了规模更大的牡蛎繁殖地，布拉夫牡蛎以其独特的口感得到热捧，小镇也因美味的牡蛎而闻名世界。1991 年，布拉夫牡蛎的捕捞因波西米亚虫病的爆发而再度暂停。1994 年，新西兰政府重新允许渔民捕捞牡蛎时，提出了良性循环的概念，准备进行可持续开发。

而今，新西兰政府制定了严苛的捕捞政策，一般要求渔民在三月到六月间捕捞。良性有序的捕捞保证了布拉夫牡蛎的优良品质。如今，大部分国家都采取人工饲养的方式养殖牡蛎，而布拉夫小镇仍出产野生牡蛎。另外，新西兰政府制定了严格的水质量检测标准，定期检测海域内的海鲜质量、生物毒素及细菌污染。生长在这样纯净的海域里，牡蛎品质自然出众。

如果你在五月来到布拉夫小镇，将会有幸参加一年一度的布拉夫牡蛎美食节。美食节以欢庆牡蛎丰收为主题，打出"淳朴，且以此为傲"的标语，迎接来自世界各地的客人。

在布拉夫牡蛎美食节上，不仅有布拉夫牡蛎、鲍鱼、扇贝等各色海味，还有精彩纷呈的特色活动。其中最特别的便是剥牡蛎和吃牡蛎的比赛。新鲜的布拉夫牡蛎令食客垂涎欲滴，每年的美食节都会消费掉近两万只的牡蛎。

在风景优美的布拉夫小镇，无论你是在路旁小馆点一份香炸布拉夫牡蛎，还是在高档餐厅点一份布拉夫牡蛎，洒上柠檬汁生食，都会为你带来一场味觉盛宴。

▲ 新西兰米尔福德峡湾　153

图书在版编目（ＣＩＰ）数据

　　环球海味之旅 ／ 李夕聪，邓志科主编．－青岛 ：中国海洋
大学出版社，2017.6
　　（"舌尖上的海洋"科普丛书 ／ 周德庆总主编）
　　ISBN 978－7－5670－1429－9
　　Ⅰ．①环… Ⅱ．①李… Ⅲ．①海产品－介绍－世界②
海产品－饮食－文化－介绍－世界 Ⅳ．①S986
②TS971.201

中国版本图书馆CIP数据核字（2017）第125470号

本丛书得到"中央级公益性科研院所基本科研业务费重点项目：
典型水产品营养与活性因子及品质研究评价2016HY-ZD08"的资助

环球海味之旅

出 版 人　杨立敏
出版发行　中国海洋大学出版社有限公司
社　　址　青岛市香港东路23号
责任编辑　吴欣欣　　　电话　0532－85901092
图片统筹　徐颖颖
装帧设计　莫　莉
印　　制　青岛海蓝印刷有限责任公司　　邮政编码　266071
版　　次　2018年1月第1版　　　　　电子邮箱　522730367@qq.com
印　　次　2018年1月第1次印刷　　　订购电话　0532－82032573（传真）
成品尺寸　185 mm×225 mm　　　　印　　张　10.5
字　　数　135千　　　　　　　　　印　　数　1－5000
书　　号　ISBN 978－7－5670－1429－9　　定　　价　35.00元

发现印装质量问题，请致电0532-88785354，由印刷厂负责调换。